都市裡的動物行為學

烏鴉的教科書

松原始 著
張東君 譯

關於本書

這本書是《都市裡的動物行為學：烏鴉的教科書》。雖然自己稱它為教科書很不自量力，不過假設地方自治單位的承辦人在「有關烏鴉的申訴案好多啊，還是來看一下參考資料好了」的時候拿起這本書，應該還是會多少有點幫助吧。

雖說如此，相對於知識，書中的烏鴉雜學成分還是很高。這是因為我想要讓喜歡烏鴉的人、對烏鴉感興趣的人能夠很快樂的閱讀這本書，並且得到「對對，有這樣的沒錯」、「哇！原來有這種的耶！」的樂趣。換句話說，這也是本烏鴉的**強化**書[1]。

對於那些「烏鴉好像很可怕」、「我最討厭烏鴉了！」的各位。真的討厭那就沒辦法，但是有時那只是基於先入為主的誤解。只要能夠先試試看，然後覺得其實烏鴉也滿可愛的？對於喜歡烏鴉的人來說，再也沒有比這更開心的事了。若是還能愈陷愈深的話，當然更是沒有問題。也許這本書其實是本烏鴉的**教化**書[1]呢。

然後……這本書就像是個喜歡烏鴉的人，照自己的喜好所寫的連串戲言。所以，書名最正確的寫法，應該是烏鴉的**狂歌**書[1]。

松原 始

1 譯注：「強化」、「教化」、「狂歌」的發音全都與教科書的「教科」發音「Kyo-Ka」相同。

目次

第三章　烏鴉的對應說明書

第四章　烏鴉的Q&A

給台灣的讀者

大家好。謝謝各位拿起《都市裡的動物行為學：烏鴉的教科書》。

台灣的各位讀者對於我為什麼會特地寫一本烏鴉的書，可能會覺得很不可思議。雖然台灣也有巨嘴鴉的分布，但卻不是在生活周遭常見的鳥類。其實我曾經造訪過台灣兩次。最初是在烏來賞鳥，也看到許多深具魅力的鳥，但是卻沒看到烏鴉（還好有看到最想看的台灣藍鵲）。第二次是在台北和台南，雖然看到了很多的五色鳥或白頭鵯等，但還是沒有看到過烏鴉。我的共同研究者山崎先生到台灣調查的時候有看過烏鴉，說數量非常少。所以台灣的朋友們對於這本書中寫的「烏鴉把垃圾弄亂，很傷腦筋」、「被烏鴉踢頭」般的事情可能會無法相信。

在日本有許多的烏鴉棲息著。不只是在山裡面，在大都會之中，不，正是在大都會之中才會這樣。在日本沒有一天會聽不到烏鴉的叫聲。對日本人來說，烏鴉是日常生活中的鳥類，在多數的民間故事或是俗諺中登場，實際上每天都會看到的鳥。此外，有時候也會因為把垃圾弄得到處都是，或是威嚇人類等的理由而被驅除，平常還被認為是不吉祥的可怕鳥類。另一方面，關於烏鴉的生態或行為，卻沒有被研究得非常充分。

就像這樣的，雖然在台灣和日本的烏鴉數目和密度完全不同，但是在文化方面，日本和台灣或中國的文化也具有共通點。日本神話中有擔任神明使者的三腳烏鴉登場，這應該是源自古代中國的傳說吧。此外，在人類與動物之間的關係上，由日本的烏鴉所引發的事件，應該也有能夠成為各位參考的部分。

不過我寫這本書的動機更為單純。看到烏鴉，覺得是有趣的鳥，只是想這樣跟大家分享而已。雖然在學術上也有很多耐人尋味的點，不過也有許多「很逗趣」的有趣行為。研究者說這種話，可能會被誤解成不認真，不過「看著很有趣」，也是我從大學部起就一直持續研究烏鴉的理由之一（說到大學，翻譯本書的張東君小姐算是我京都大學的學姐。我可能有在張小姐的前面追著烏鴉跑來跑去過呢）。既然要觀察，比起不有趣的對象，當然是有趣的比較好啊。所以要是大家在看這本書的時候能夠覺得烏鴉的失敗或是不可思議的行為（或是看著牠們的我的失敗）很有趣的話，就表示有把烏鴉的有趣之處傳達到。

假如這本書能夠對各位有點幫助的話，或是即使沒有幫助也至少讓大家讀得很開心，感覺烏鴉是有趣的鳥的話，就是我的榮幸。

二〇一五年七月
松原　始

審訂序　大自然不缺少故事，只是缺少發現

林大利（特有生物研究保育中心助理研究員）

「觀察」是探索自然的第一步，也是形塑科學知識的基礎。

大自然就像是一本還沒被讀完、無窮盡的教科書。牛頓曾說：「我就像在海灘上玩耍的孩子，一會兒發現美麗的石子，一會兒發現有趣的貝殼，然而，面對眼前的茫茫大海，我卻一無所知。」即便經歷幾世紀的探險，科學家對這本教科書依舊相當陌生。但是，書裡的因果趣味與來龍去脈，並不是只有科學家才能深究，每個人都生活在這本教科書當中，裡面的任何一頁、字字句句，都可以自由徜徉，探索玩味。

無論科技如何日新月異，人類還是生存於自然，所有的生物也是如此。整個自然是一個互依互存，難以分割的整體，所有的生物都無法完全獨立生存。因此，我們從出生開始的學習與成長過程，都是在認識世界的組成與運作，並想盡辦法在世界中生存。

「觀察」是與大自然接觸的窗口，也是探索自然的第一步。哥白尼將地球自宇宙中心請出，達爾文將人類萬物之靈的皇冠摘下，這些爆炸性的科學突破，都來自於對大自然聚沙成塔的觀察紀錄。千里之行，始於足下，所有的觀察都來自於無窮的好奇心。即便是生活周遭稀鬆平常的事物，經過仔細的觀察，也能發現許多以往未曾注意到的有趣故事。

《都市裡的動物行為學：烏鴉的教科書》就為我們做了很好的示範。

我的研究室外常常傳來樹鵲吵雜的「嘎嘎嘎…乖！」是我最容易遇見到的「烏鴉」。牠們對樟樹果實一點抵抗力也沒有，爭先恐後的搶食。灰褐色的樹鵲和烏鴉一身黑、走起路來大搖大擺的刻板印象相差太遠了，大概只有嘎嘎聲這一點比較相似。我剛開始賞鳥的時候，還不太敢相信樹鵲是鴉科的鳥類。台灣常見的烏鴉中，「一般黑」的烏鴉也只有巨嘴鴉而已，其他如喜鵲、樹鵲和台灣藍鵲，看起來都不怎麼地「烏鴉」。

多數人就和賞鳥前的我一樣，對烏鴉的認識並不多，可能在日本的動漫中看過罵人「笨蛋」或冷場時才出現的烏鴉，或者是歐美電影和小說裡陰森恐怖的配角，常常是負面或不吉祥的象徵。烏鴉在許多城市是很普遍的鳥，但無論是東京的巨嘴鴉和小嘴烏鴉、新德里的家烏鴉或雪梨的澳洲渡鴉，多數人幾乎看不上一眼，甚至是討厭，巴不得牠們消失。即便是專業的賞鳥人，目光也很少在這些黑黑灰灰的烏鴉身上停留太久。

《都市裡的動物行為學：烏鴉的教科書》要幫倒楣的烏鴉摘下這頂被人類扣上的大帽子，讓我們重新認識烏鴉真實有趣的一面。作者松原始博士可說是愛烏鴉成痴，投注了許多時間與心力觀察各種烏鴉。很感謝他願意用心的幫大家認識這一類習以為常，事實上卻又相當陌生的鳥類。《都市裡的動物行為學：烏鴉的教科書》是松原博士用幽默又不失專業的筆法，與我們分享烏鴉的知識與觀察經驗。雖然名為教科書，但是沒有課本那樣生硬且具有強力催眠功效的文字，只有輕鬆與娓娓道來。讀完之後，會發現烏鴉其實也很有趣，全身黑黑的也可以是一種帥氣。人類在野外叢林中求生的故事我們看多了，不妨將這本書當成烏鴉同學在車水馬龍的水泥叢林中努力求生存的冒險故事。

台灣的巨嘴鴉棲息在山區的森林裡，不像日本的巨嘴鴉大量在城市聚集，所以台灣的讀者可能對烏鴉造成的困擾比較陌生。然而，最近幾年也有小鳥在台灣的都市裡探險，那就是夜鷹（不是夜鶯喔）。十多年前，夜鷹還是很稀有的鳥類，棲息在溪床的灘地，想見一面之緣還不是那麼容易。夜鷹快速擴張到都市裡，尤其在春夏繁殖季的夜晚，為了宣示領域和求偶而引吭高歌，讓許多人徹夜難眠（請原諒牠們）。就我個人的觀察，校園頂樓常常傳出夜鷹的聲音，仔細一想，校舍頂樓不僅面積廣大、日夜都少有人走動，附近也不難找到食物，說不定因而成為夜鷹在都市中的絕佳棲地。

觀察的時候，不妨試著一面思考「生物為什麼要這麼做？對生物的生存或繁殖上的優勢呢？」，例如家燕在那些地方築巢？行道樹今年開花的時間有提早嗎？麻雀的數量是不是變少了？就會很像是在問生態學或動物行為學的問題，科學家們也不外乎是這樣想問題，或許能發現未曾想過的有趣故事，至少各位沒有必須寫論文的壓力呀。

仔細的觀察、廣泛的閱讀、審慎的思考、積極的討論，是深入了解大自然這本教科書的不二法門。觀察自然不僅能探索新知，增添生活的樂趣，也透過師法自然，解決生活上所遇到的難題。大自然一直充滿著許多故事，只是還沒被發現而已，何不嘗試加入這個觀察與發現的行列呢？大自然不僅是充滿知識的教科書，也是追求自我成長的強化書，還能是調劑心靈的教化書，更是令人滋潤生活徜徉探索的狂歌書。

我的觀察啦。

譯者序

張東君

《都市裡的動物行為學：烏鴉的教科書》是我在去日本福岡參加亞洲動物園教育者雙年會之後，回到京都的時候在書店看到的。我第一個想法是：「不愧是日本，各種專門書都有。」我翻到版權頁，發現我手上這本是出版不到九個月的第八刷，顯然賣得很好。接下來我翻到作者簡介，算一算，他應該是隔壁動物行為研究室的學弟，而且我絕對有在動物行為專題討論中聽過他的報告，否則我在自己的書中就不會講到烏鴉了。於是我很開心的買下這本書，晚上帶到我們研究室的學弟家和他們一起看。

我學弟證明了我有聽過作者的報告，還說他太太曾經跟作者一起去追過烏鴉一陣子。他跟我說這本書很紅，只是他還沒有買來看，然後，同門學長姐做了一樣的事，他也翻開版權頁看這本書是幾刷，還更青出於藍的開始計算這樣大概可以得到多少版稅，再對他太太說：「假如妳當初繼續一起追烏鴉的話，搞不好也可以賺點版稅呢。」

以上，是連作者都不知道的「內情」。

進入正題。說真的，研究動物生態和動物行為的人，一般在選擇研究對象的時候總是會有不少的考量。那種動物是不是已經有前人做過、牠的保育等級、棲息地容易到達與否、觀察的難易度等等。因為這會牽涉到許多的後續問題。包括，像作者這樣的，被人家不可置信的問：「烏鴉？真的是那個烏鴉？」或是像我，就變成那個即使別人不記得我的名字，也記得那個「台灣來的，做青蛙的那個女生」、「做那個幹什麼？」、「能賺錢嗎？」以下略。假如研究對象是珍貴稀有保育類、瀕臨絕種動物，就比較不會遇到這種狀況，而且研究經費也是相對多的。

縱然如此，為什麼還是想要研究日常生活中常見的動物，而且是像烏鴉這種負面形象多的動物呢？那當然是出於好奇心囉。能在日常中找出有趣的事，才是不平凡呢。

談到烏鴉，中國人最先會想到的是「天下烏鴉一般黑」，但是這早早就知道是錯的了。即使是同一種烏鴉，在台灣都已經會有突變的白烏鴉、有白斑的烏鴉了，何況世界之大，有好幾種烏鴉原本就不是全身黑的呢。

以日本來說，有首小朋友從會唱歌開始就一定會唱的日本代表性童謠〈七個孩子〉，是一九二一年由野口雨情作詞、本居長世作曲的。我自己譯來唱的歌詞是「烏鴉啊你為什麼叫　烏鴉住在山裡面　可愛的七個　我的孩子在那裡　好可愛　好可愛啊　烏鴉就是這樣叫　好可愛　好可愛的就是這樣叫　山裡面　我的老巢　請你過去看一看　有著圓圓大眼睛的　我的好孩子」。關於這個歌詞，日本也有許多人會拿出來討論，說烏鴉不會生到七個蛋，或是那個「七個」其實是指「七歲」等等。當然作者也對這首烏鴉歌有自己的看法。

歐美的烏鴉當然也很多，在伊索寓言、愛倫坡的小說、各種恐怖電影，以及推理小說中都有很多的烏鴉。連童話和卡通裡面的烏鴉，也大多沒什麼正面的形象。至於在新聞中被報導過的烏鴉，更是由於牠們曾經「偷」過人類放在家裡的亮晶晶飾品、放小石頭在鐵軌上造成電車出軌、由於人類靠近牠們的巢或雛鳥而被「攻擊」等等，而被當成害鳥或可怕的鳥。關於這些古今東西的烏鴉故事、諺語、傳說、時事，作者在書中都有詳細的解說。

既然是烏鴉的教科書，自然有許多跟烏鴉有關的知識和常識。但是在作者的筆下，讀起來卻非常的輕鬆、搞笑。特別是在書中佔頗大比例的烏鴉問答，不論是一般人問的問題，或是作者回答的方式，都很簡潔、實在，卻又發人深省（？）。只要看過一次，包準能夠轉變自己對烏鴉的錯誤印象，而且獲得許多可以在茶餘飯後跟親朋好友聊天的內容，或是去「野外」看烏鴉時的樂趣。

沒錯，在日本可說是都市鳥類，或隨處對人類食物虎視眈眈，一個不小心，食物就會被牠搶走的烏鴉，在台灣卻是山上才有的鳥種。台北動物園的鳥園區裡有一隻巨嘴鴉，只要你對牠「啊──啊──」的叫，牠心情不錯時也會「啊──啊──」的回應。每次只要我帶日本外賓到鳥園去參觀，展現我跟牠互相「啊──啊──」應和的行為時，這些外賓都會很不可思議的問道：「在台灣，烏鴉是很稀奇的動物嗎？為什麼要特地養來看？」我也只能回答都市的烏鴉真的很少，不過，立刻用烏鴉的親戚──台灣藍鵲扳回一城，說：「可是我們在都市裡有很多／愈來愈多的台灣藍鵲喔。牠們很漂亮吧。是烏鴉的親戚，而且我還拍過牠們用鐵絲衣架築的巢呢（顯示出驕傲狀）。」

日本的烏鴉，常常會用人類晾衣服用的鐵絲衣架築巢。這真的是堅固耐用、保證很耐風吹雨打。當我在翻譯這本書的過程中，正好拍攝到台灣藍鵲用鐵絲衣架築的巢時，我立刻貼在臉書上，還標了作者讓他看。他回應說：「我有猜測台灣藍鵲可能和烏鴉一樣會用鐵絲衣架築巢，但是這張照片是我第一次真的看到。」所以，不只是教學相長，作者和譯者也是可以著譯相長的啦。

雖然這本書是我久久才會譯一本的「字很多的」書，但是我真的譯得很開心。希望大家看這本書，也能夠跟我一樣得到很多的樂趣，和烏鴉常識。

序　為了明天，今天也要吃飽

我既喜歡吃，也喜歡自己下廚。在工作完回家的路上會邊走邊想：「今晚要吃什麼才好呢～」昨天買的豆苗還有剩呢。對了對了，豆芽菜得在液化糊掉之前先吃光才行。這樣就做中國菜吧。豆芽菜也可以拿來煮味噌湯，那豆苗就加點鹽，跟雞肉一起炒。不對，等一下，還有豆腐。那把豆芽菜放在豆腐上，淋上鹽跟麻油再鋪點辣椒絲。這樣的話，那去車站前的超級市場買個菜好了。

腦袋裡邊想著這些，在買菜途中被真鰺（竹筴魚）吸引而變更菜單的狀況也是經常發生。把買到的新鮮真鰺生魚肉拿來剁碎，跟蔥薑醬油拌在一起放在白飯上、豆苗燙過以後把水分擠乾加醬汁、涼拌豆腐、豆芽味噌湯。把該洗的洗一洗、洗澡睡覺、起床、吃過早飯出門工作、吃過中飯、繼續工作、欸～今天晚上要吃什麼才好呢～邊想邊回家。

人類真的吃很多。據說成年日本男性平均每天要吃兩千三百大卡左右的食物。其中有一半以上是消耗在基礎代謝上。換句話說，就算什麼事都不做只是躺著而已，人體也會消耗掉一千幾百大卡的熱量。這就像是在停車時轉動引擎也很猛的車子一樣。在推動怠速熄火（Idling Stop）的這個時代看起來，實在是非常浪費。

不過既然身為內溫性動物（也就是所謂的恆溫動物），這就是無可避免的。由於哺乳類的體溫總是保持得很高，所以能夠劍及履及，一想到什麼就能立刻充滿活力的行動。而其代價，就是得吃個不停，連基礎代謝的份都一起吃下去。若是稱它為怠速的話，汽燃費是頗為不划算，但要是熄火停下來的話，就不會有明天了。

跟這個相較之下，身為外溫性的蛇類吃得真的很少。我詢問美國的某研究者：「你研究的森林響尾蛇（*Crotalus horridus*，體長大約有一．五公尺）大概要吃多少東西啊？」他想了一陣子回答我：「雖然會因狀況而異，不過一年餵兩隻松鼠，再給牠兩、三隻老鼠當點心應該就夠了吧。」雖說這是寒冷地域的蛇，一年中有半年在冬眠，不過進食的次數還是屈指可數。牠們比起每天每天不斷吃肉、吃蔬菜、吃魚的我們，罪過可是少了非常多。吃歸吃，接下來要怎麼消化又是另外一件大事。首先得要做個日光浴讓體溫上升，否則就連消化也辦不到（只不過要附帶說明的是，假如保持在適當條件，讓牠們能夠不斷的吸收營養、用在成長跟繁殖上的話，牠們就會吃更多的食物）。

松本零士描繪的《俺是男人》中，主角大山昇太呈大字形躺在四疊半的正中間宣告：「為了明天，我今天也要睡覺！」讓人很想吐槽他：「你到底要睡到什麼時候才要起床！」但是我們每個人都是明知無謂，還是持續做著「為了明天，我今天也要吃飯！」這件事。話說回來，人類還算好的。代謝旺盛的鳥類體溫有四十度，若是進食速度沒有比哺乳類快的話就會死掉。再加上牠們為了要盡量減輕體重，吃一點點就飛，飛了一陣肚子餓了就再吃。別說是明天了，甚至可以說牠們是為了下一個小時，現在也要吃飯呢！

對這樣的鳥類來說，進食這種行為是非常重要的。為了要吃就得找到食物，把食物弄到手才行。當然有時也得捕捉獵物，或者是把食物敲開。做不到的話就會死亡。為了找尋、入手、讓食物呈現可食狀態，那種鳥就會有獨特的行為、特有的形狀。成群聚集在潮間帶的鷸類把其像是鑷子般的細長喙部插入泥中翻攪，在碰觸到沙蠶或螃蟹的瞬間，喙部前端就會咻的一下翻過來叼住獵物，把牠從泥裡拔出來。由於這種喙部實在是過於特殊又細緻，很難用在別種用途上面，要是叫牠吃別種食物的話也還真是強「人」所難。再加上牠們覓食的潮間帶也只有在退潮的時候會出現，與其說是依晝夜，其實多半是依潮水的漲退來當行為的基準。換句話說，並不是夜晚到了，就是牠們的睡覺時間。這時候，就已經不知道牠們是為了要活下去而吃，還是為了喜歡吃而活了。

話說回來，我是研究動物行為學的。每次只要被問到：「你是從事什麼研究的呢？」我回答：「我在野外研究鳥類。」這時大多會被繼續問：「是研究猛禽的嗎？」「不不，雖然有猛禽的話我也會順便看看，」先說了這樣的前言再接著回答：「我是研究烏鴉的。」大多數的人都會很驚訝的說：「咦，烏鴉？」不吃驚的人不是熟人就是朋友。其中也有人會再問：「烏鴉，是那個烏鴉嗎？」那是當然的，其他到底還有哪種烏鴉。（學生時代在圖書館檢索藏書的時候，出現頻率最高的是「瑪麗亞・卡拉絲（Maria Callas）[1]」〔女高音歌手〕，第二高的是「密爾・馬斯卡拉斯（Mil Máscaras）[1]」〔墨西哥傳奇面具摔角手〕，不過這個不要跟別人說。）

大家好像都覺得烏鴉是不必特別去看的動物，也完全沒想到居然會有研究者對牠們有興趣。有些人甚至還直接以為我是研究烏鴉災害防治的呢。

這完全不是開玩笑，像烏鴉這麼有趣又可愛的鳥可是別無分號的呢。錯過這種奧妙的鳥類，會讓人生的樂趣減半。何況牠們到處都是，不必特地出外去找。什麼？你討厭烏鴉？沒關係，只要觀察烏鴉一陣子之後，即使沒有變得喜歡牠們，至少也會變得對牠們懷抱興趣。

請大家好好想一想。在日常生活中，有多少事情會讓你覺得「啊，這個」而留下印象呢？地下鐵的車廂廣告已經看膩了。就算到便利商店去，也都只有類似的商品而已。跟某個動漫合作的罐裝咖啡？還是感覺有點不到位～。「我喜歡鳥！」說這種話的人，走在路上時看到的也都是麻雀或是野鴿、烏鴉……你看，有烏鴉。只要能夠覺得「烏鴉還真有趣」的話，光是看著那邊的烏鴉、這邊的烏鴉，走路就會變得很開心。縱使有什麼討厭的事，只要看到烏鴉做些什麼事，也會「噗哧」一聲笑出來，不會累積精神壓力。在賞鳥會中發現飛行中的鳥類，「啊，蒼鷹……哼，什麼嘛，不過是隻烏鴉！」的時候，

1 譯注：烏鴉的日文發音是 ka-ra-su，同卡拉絲、卡拉斯。

也只有你能夠有「哦，那個剪影看起來是隻巨嘴鴉。牠嘴裡叼著東西呢！」等的想法，充分享受樂趣。你看，這根本就是人生勝利組啊。

不過話說回來，一般來說，觀察烏鴉的人並沒有很多。烏鴉，通常，是被討厭的。就算再怎麼修飾，牠給人的印象還是不好。在大學裡給學生填問卷時，發現大家抱持的印象大概都是「很可怕」、「會翻揀垃圾」、「好像會攻擊人」（雖然偶爾會出現「好帥氣」、「好可愛」的答案，但是那一定是有鴉天狗[2]混進教室裡吧）。東京都的新都市交通系統是很有灣岸氣氛的「百合海鷗號[3]」，但就算它延伸到新宿或是池袋，也應該不會被命名成「巨嘴鴉號」。不過我還是想要大聲吶喊。烏鴉真的是很有趣的鳥類。

我之所以會開始觀察烏鴉，是由於我在大學所做的畢業研究是以烏鴉為主題。接下來念研究所，碩士、博士時都是以烏鴉的覓食行為當研究題目（到博士課程念完為止，從頭到尾都只是專心一意研究烏鴉的傻子，我可能是日本第一個吧），到了現在也還在持續進行烏鴉的研究。至於我為什麼會想要以烏鴉來當我畢業研究的題材，是因為當時京都大學理學部動物行為研究室的副教授今福道夫老師說：「我前一陣子看電視時，看到烏鴉會瞧不起女性跟小孩，那是真的嗎？」而他會跟我提到烏鴉，也是由於我原本就很喜歡烏鴉。那麼，這究竟是從什麼時候開始的呢？

仔細想想，可以回溯到三十多年前我看見烏鴉的記憶。我的老家在奈良公園附近，每天傍晚都有許多的烏鴉會經過我家上空，邊發出「KaA」、「KaA」的叫聲邊往春日的森林歸去。有一次我試著仰天發出「KaA！」、「KaA！」的叫聲，卻立刻有一兩隻烏鴉也「KaA」、「KaA」的對我叫。冷靜的想一想，那可能是跟我的叫聲完全無關的自主性鳴叫。可是從那時候起，烏鴉在我心中的地位就已經變高，成為「好像滿有趣的鳥」了。不過也有可能是因為我讀了《西頓動物故事》中的「銀星[4]」的影響。

原本只是覺得牠們真是有趣的傢伙，看久了之後，也會開始認為牠們實在好可愛。話說坐在京都祇園圓山公園裡的長條椅上，斜眼一看不知何時飛到旁邊的巨嘴鴉，首次以極近距離看到牠那巨大、發出鈍鉛色光澤的喙部，真的是讓我大吃一驚呢。

正是因為如此，對於烏鴉展現其身為一種生物的應有行為，但卻愈表現就愈受人嫌棄的這個事實，就會讓我想要對大家說：「唉呀，大家還是先聽一下烏鴉的辯解吧。」在被回問「你說烏鴉，是那種烏鴉嗎？」之後，接著幾乎百分之百會被繼續問：「烏鴉會○○，該怎麼辦才好呢？」而我每次都會「不不，那個是這樣啦」的做說明。那些回答在日積月累之後，就成為這本書的內容。

---

2 譯注：鴉天狗，或做烏天狗，是日本傳說中在人臉上長有烏鴉般的喙部，身體上覆有黑色的羽毛，能夠在空中自在飛翔的生物。

3 譯注：「ゆりかもめ」正確的生物名為紅嘴鷗。

4 譯注：「銀星」是美國著名的作家兼野生動物藝術家、動物小說家的先驅歐尼斯特·湯普森·西頓最受歡迎的動物故事中，知名烏鴉主角的名字。

那麼，在這些烏鴉日常生活的中心，當然也是有吃飯這件事。為了要活過今天、迎接明天，首要的就是食物。烏鴉最大的特徵，就是什麼都吃的雜食性這一點。只不過那些食物應該在哪裡找、怎麼找，其實在烏鴉之中也會因為種類的不同，或是環境的不同而有所差異。其結果就在行為或是形態上也產生不同。那就是「為了吃的演化」。雖然烏鴉是在形態上沒怎麼特殊化的鳥類，但是牠們的生活史還是表現在身體的大小、喙部、腳等上面。

另外，食物的問題應該也對烏鴉的社會結構造成影響才對。例如渡鴉的社會結構與覓食行為有密不可分的關係。雖然也有像禿鼻鴉那樣經常行群體生活的烏鴉類，不過有個必要前提是「即使大家一起吃，也不會把食物吃光光」。此外，食物與社會跟動物的智能也有很深的關係。例如有名的小嘴烏鴉打開核桃的行為、新喀里多尼亞烏鴉為了食物會很「聰明」的使用道具、渡鴉具有非常高度的社會性智能等，都是眾所周知的。

除此之外，烏鴉想要把肚子填飽的行為，也會因看到的人類不同，有時被神格化，有時被深深厭惡，有時被當成討厭鬼。烏鴉在眾多神話中登場，經常扮演神的使者或是搗蛋鬼。另一方面，有時也會被當成死亡前兆，抑或是被當成農業或狩獵時的障礙而被獵殺。以上無論何者都是基於烏鴉「尋找食物、弄到食物」的行為所導致的結果。我們現在也仍舊跟烏鴉保持互動，對牠們抱持「討厭鬼」、「好可怕」等的印象。對了，每天早上為了垃圾袋所做的攻防戰，或是在鬧區街上，我們為了閃避低空飛過的烏鴉而把頭縮起來等都是。

可是自從烏鴉把被關在二枚貝中的世界撬開，開天闢地以來（北美原住民的創世神話），到現在待在電線杆上發出 KaAKaA 鳴叫為止，烏鴉自己做的事可是一點也沒有改變。從今以後應該也不會改變。牠們只不過是「為了明天，今天也要吃」而已。

那麼，我也要去找東西吃了。今天中午我吃的是加了鮪魚美乃滋的鹹麵包。可是研究室的桌上有餅乾，不知道是誰帶來的伴手禮。依照烏鴉的生活方式，當然，那是可以吃的吧。

在本書中登場的烏鴉

物種：巨嘴鴉
Corvus macrorhynchos japonensis
地點：東京都文京區本鄉

物種：小嘴烏鴉（亞洲亞種）
Corvus corone orientalis
地點：京都市左京區下鴨泉川町

物種：東方寒鴉
Corvus dauuricus
地點：京都府久世郡久御山町市田

物種：渡鴉

Corvus corax

地點：北海道斜里郡斜里町

物種：八重山巨嘴鴉（分布於八重山群島的亞種）

Corvus macrorhynchos osai

地點：沖繩縣八重山郡竹富町古見

物種：禿鼻鴉

Corvus frugilegus

地點：京都市伏見區向島新田

第一章
烏鴉的基礎知識

沒有叫做烏鴉的鳥

不，雖然有，但是……

我曾經在大學裡的鳥類相關講座當過兼任講師。在那種時候，我通常會為了了解狀況而問學生：「你們知道哪些鳥類？」雖然他們並不會像小學生一樣舉手回答，不過只要我列舉出像是「麻雀？燕子？烏鴉？鴿子？」一般的鳥名時，他們就會「嗯嗯」的點頭回應。啊啊，真是老實啊，就這樣直接掉進我的陷阱裡。於是我會邊露出獰笑邊這樣說下去。

「對，差不多就是這樣。話說回來，沒有名叫烏鴉的鳥。也沒有稱為鴿子的鳥。」

當然這只不過是文字遊戲。但是在生物學上並沒有「烏鴉」這個物種，全都是像些「短嘴鴉（*Corvus brachyrhynchos*）」、「細嘴烏鴉（*Corvus enca*）」、「非洲白頸鴉（*Corvus albus*）」等的「○○鴉」。這是跟「燕子」、「麻雀」最大的不同。因為在日本的燕子是指 *Hirundo rustica*（家燕）這個物種，麻雀則是指 *Passer montanus* 這個物種的標準和名[1]。比較麻煩的是「燕子」有時是指燕科的所有鳥類，有時卻是指「雖然是燕科，卻不知道是哪個種」，於是賞鳥者會說「不是金腰燕也不是灰沙燕，而是家燕」。不過在日文中為了要分清楚，還會稱家燕為「普通燕子」。否則就會發生還在討論「啊，燕子！」「什麼燕子？」「不是，就是燕子啊。欸，不是金腰，就是普通的那種名字前面什麼別的描述也沒有的燕子」時，鳥已經飛到不知道哪裡去了的狀況。

1審訂注：生物的日文俗名（和名わめい）中，容易有同物多名的現象，為了避免混淆，日本的學界訂定了標準化的日文俗名，稱為「標準和名」，以便與學名能夠一對一對應。

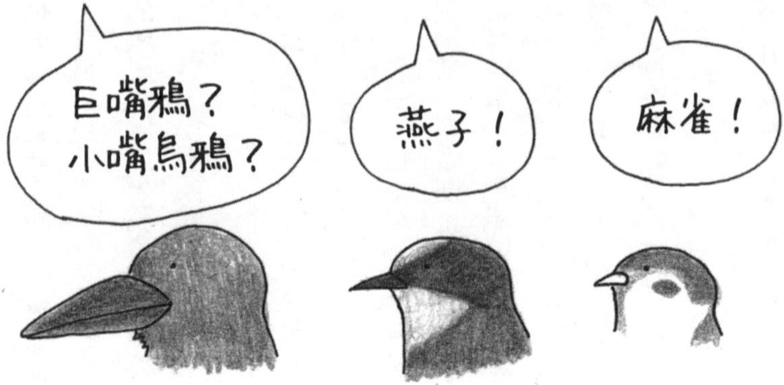

以烏鴉來說，並沒有「普通烏鴉」這種鳥。萬一不小心在烏鴉研究者前面脫口說出「啊，烏鴉！」的話，一定會被追問：「什麼烏鴉？粗的（巨嘴）？細的（小嘴）？」沒錯，在附近出沒的烏鴉，其實不只一種。

雖然沒有一個名為烏鴉的物種，不過烏鴉的同類卻出乎意料的多。從分類上來看，在鳥類的雀形目鴉科鴉屬中，有四十種左右是「長得一副烏鴉樣」的烏鴉。雀形目？牠們跟麻雀是親戚？你可能會感到疑惑，但是全世界一萬種左右的鳥類當中有六千多種是屬於雀形目，所以不用太在意這件事情。看到鳥只要說牠是雀形目，答對的機率可是在二分之一以上呢。

鴉屬以外的鴉科鳥類有七十多種。含在這裡面的鳥類有松鴉、喜鵲、紅嘴藍鵲等。台灣國鳥台灣藍鵲[2]（全身為鈷藍色，喙部跟腳是紅色）、在關東常見的灰喜鵲、分布於高山帶的星鴉也都包含在這之中。

鴉科鳥類除了南極與紐西蘭以外，全世界都有分布（聽說紐西蘭不知道為什麼有禿鼻鴉，不過那應該是歐洲人帶進去的）。只不過在南美洲雖然有絨冠藍鴉（*Cyanocorax chrysops*）或是白喉鵲鴉（*Calocitta formosa*），但是鴉科的形象略顯淡薄。在鴉屬中一眼就看得出來是烏鴉親戚的鳥類，在南美洲是完全沒有的。在南美占據烏鴉棲位[3]的是黑美洲鷲（*Coragyps atratus*）或紅頭美洲鷲（*Cathartes aura*）。我聽在祕魯研究考古學的同事說，這些鳥在那邊郊外的垃圾場很常見，似乎被稱為Gajinaso（山裡的雞）等等。雖然並不清楚沒有烏鴉的理由，但是可以亂猜可能是當牠們從鴉類的故鄉大洋洲分散出來抵達南美的時候，已經沒有烏鴉的容身之處了（但這也無法說明紐西蘭為什麼沒有烏鴉）。

除此以外的場所，不管是維也納的宮殿、凡爾賽宮的庭園、孟買的街道上、喜馬拉雅的山中、非洲的乾草原、洛磯山脈、猶

2譯注：台灣藍鵲是台北市市鳥、雲林縣縣鳥。國鳥是於二〇〇七年由高雄縣觀鳥學會舉辦的投票活動選出，並非全面性被認同的。

3審訂注：棲位（niche），生態棲位（ecological niche）的簡稱，指最適合某生物生存並發揮其生態地位的環境抽象空間。這樣的空間受到許多因素的限制，包含溫度、雨量、棲地類型、食物來源等。不同物種的生物棲位不會完全相同。

▲住在維也納宮殿中

▲孟買的印度麵餅也很好吃

▲在漢堡店後面的垃圾食物男孩

他州沙漠的漢堡店後面、緬因州的森林、菲律賓或馬來西亞的叢林、澳洲的大平原、京都和東京，全部都是烏鴉的住處。

話說回來，在全世界約有四十種的鴉屬之中，在日本被記錄到的為七種。這裡面最為普通常見的是巨嘴鴉和小嘴烏鴉。由於這兩種是全年都可以在日本看見，也在附近繁殖的，所以在日本只要說到烏鴉，就一定是這兩種之一。前面寫到的「粗的？細的？」也就是指「巨」嘴鴉或是「小」嘴烏鴉。嘴就是喙部，巨嘴鴉的喙部很粗呈弧狀，小嘴烏鴉的喙部稍細又直。此外，小嘴烏鴉在沖繩原本是冬候鳥，但是近年來好像愈來愈少見了。

另外還有冬候鳥的禿鼻鴉，時節一到就可以在全國的農耕地看見。禿鼻鴉的體型比小嘴烏鴉稍小，成鳥的喙部基部是白色的。年輕個體跟小嘴烏鴉很難區分，經常成群活動，通常都是在田地或農地裡用細長的喙部勤奮的啄著什麼。有時還會發出「喀啦啦啦」的叫聲一同飛起，在電線上面停成一排。牠們是鄉村派，不會到街上來。

假如在禿鼻鴉群中，有體型很小很可愛的個體混雜，那就是東方寒鴉。牠們的喙部短，體型也比較圓。叫聲也是「Kyu」、「Kyun」般的跟灰椋鳥一樣。禿鼻鴉的色彩多型，有全黑的黑色型，也有黑白的淡色型。淡色型像大貓熊一樣，格外可愛。

再說到渡鴉。牠們是非常稀有的冬候鳥，在日本基本上只有北海道道東地區的知床能夠看到牠們，數量又非常少。雖然近年來好像有增加，但據說整個北海道也只有一百隻左右。此外，牠們的警戒心也非常強。牠們是世界最大的烏鴉，廣泛分布於歐亞大陸到北美地區，也在世界各地的神話中登場，是種神祕的鳥類。

話說回來，日文的烏鴉「Ka-ra-su」是「Kara ＋ Su」，「Kara」是叫聲，「Su」好像是用來表示「鳥」的古語。由於從前日文中的「A」音跟「O」音是可互換的，所以我不知道那到底該是「Kara」還是「Koro」。在其他的語言中也是Crow（英文）、Krähe（德文）、Corbeau（法文）、Kraai（荷蘭文）、Corneja（西班牙文）等，都是以Koru或是kuro等類似烏鴉叫聲的音為始的。但是到了渡鴉就變成了Raven（英文）、Kolkrabe（德文）、Grand Corbeau（法文）、Raaf（荷蘭文）、Cuervo（西班牙文），完全是不同類型的名字。看名字就能夠猜出那是指「某種烏鴉」的只有日文，頂多再加個法文[4]。這讓我很佩服西洋文化是不是會很嚴密的區分動物，還是他們對待渡鴉這種鳥類的態度真的是有不同待遇。不過當我在知床第一次看見渡鴉的時候，我的想法也有了改變。渡鴉的外觀確實是不同等級，但是除此之外，牠們的叫聲真的完全不一樣。

在渡鴉的叫聲中最富特徵的，是像在吹長頸玻璃吹瓶[5]般的「Kapon Kapon」聲，那是高頻而帶金

4 譯注：在日文和法文中，各種烏鴉的命名方式都和中文差不多，是○○鴉或○○烏鴉。

5 譯注：vidro，有點像做實驗的細頸瓶，只是底部很薄。可以把嘴巴靠在長長的管口上，藉由吸氣吐氣來讓「瓶」底的玻璃因彈力而上下活動發出聲音。從數百年前玻璃引進日本之後就被當成高級玩具，也會在過年時吹，好消災解厄。

渡鴉

屬感的聲音，完全聽不出是由烏鴉發出的叫聲。這種聲音居然是由那麼大的身體發出來的，實在令人無法置信。在我第一次看到牠們時，牠們是像海鷗那樣發出「GyaA GyaA」的叫聲，下次看到時則是像笑聲般的「KyaHaHaHa」聲。接下來有像禿鼻鴉般的「KaRaRaRa」聲、「GoA」這種（終於）很烏鴉典型的叫聲、聽起來既像「Wan Wan」又像「AoAo」的不知該說像狗還是海狗的叫聲、「Fon！」這種像吹喇叭般的聲音（跟天鵝的叫聲也很像）、「KaKaKaKan」像敲打金屬般的聲音、甚至還有像「O～Wa」般極難形容卻非常響亮的聲音等，每次聽每次都不一樣，而且是以完全不像烏鴉般的叫聲鳴叫。看慣了渡鴉的那些地域之所以會幫牠們取些特別的名字，理由可能就是因為如此吧。

此外，渡鴉在飛行的時候不太拍打翅膀，而是在空中滑翔，這也是特徵之一。簡直就像是猛禽般，完全不拍打翅膀的以高速滑翔、乘著風提升高度。雖然其他的烏鴉也會滑翔，卻遠不及渡鴉巧妙。

從形態上來說，渡鴉的翅膀很明顯比較細長，相較於翅膀的前後長（翼弦），展開的長度（翼展長）長得多。換句話說，在航空力學中是展弦比（Aspect Ratio）很大、像滑翔機般的形狀。由於展弦比大，誘導阻力就會比較小，所以可以說是適合滑翔的平面形。

以上五種是雖然多寡不同，但在日本都有分布的烏鴉，剩下的就是迷鳥，也就是因迷路才來的鳥。到目前為止曾經記錄過兩種，一種是西方寒鴉[6]，不知道牠們到底是在哪裡弄錯，遠從歐洲來到了本地（在那邊的城鎮很常見），另一種是家烏鴉，不知道是不是從東南亞附近搭乘貨船來的，還是被飼養在船上後再逃走的籠中逸鳥。這就是全部。在本書中，若是沒有特地說明的話，講的就是最常見的兩種，

巨嘴鴉
（好像有點害羞的感覺）

巨嘴鴉跟小嘴烏鴉。

巨嘴鴉跟小嘴烏鴉不但名字很像[7]，外觀也很像。反正這兩種都是烏鴉，是「又大又黑的鳥」絕對沒錯。不過只要仔細看一看，就能夠分辨出牠們的不同。雖然鳥友們說：「只要看到麻雀知道那是麻雀，就已經成長了。」不過對烏鴉研究者來說，應該是「只要看到巨嘴鴉而知道那是巨嘴鴉，就已經出師了」。讓我們來看看牠的特徵。

巨嘴鴉是在都市地區很常見的烏鴉。在東京 **KaAKaA** 叫著的那個就是巨嘴鴉。全長（從喙部尖端到尾端）約有五十六公分，張開翅膀時大概有一公尺長。雖然這樣寫起來會讓人感覺牠們是很大型的鳥類，不過牠們的體重卻只有六百到八百公克左右而已。鳥類的體重是比看起來要輕很多的（麻雀大概只有三十公克左右）。體重六百到八百公克，是成年男性的百分之一。換句話說，一百隻巨嘴鴉湊在一起，才總算有一個成人那麼重。

巨嘴鴉的喙部又粗又長，呈弧狀。而牠外觀特徵上，那相當於「額頭」隆起的這個部分，其實只是羽毛豎起來而已，骨頭是平的。以髮型來說的話，雖然沒有到飛機頭的程度，但還是有稍微立起來往後

---

6 審訂注：以往認為整個歐亞大陸只有一種寒鴉，後來裂解為兩種，分布在亞洲的東方寒鴉（*Corvus dauricus*）和分布在歐洲的西方寒鴉（*Corvus monedula*）。

7 譯注：在日文中的巨嘴鴉為 Hashi**buto**garasu，小嘴烏鴉為 Hashi**boso**garasu，只差一點點。

小嘴烏鴉

梳的感覺。要是羽毛服貼在頭上的話，就會看不出來牠是誰。

小嘴烏鴉的全長在五十公分左右，平均比巨嘴鴉小了一圈，體重也只有四百到六百公克左右。這也把牠想成剛好是日本成年女性的百分之一就好。喙部沒有像巨嘴鴉那麼彎，呈直線。頭也是非常普通的烏頭形。此外，「額頭」雖然很扁平，但是在生氣的時候羽毛會倒豎，這時候的頭看起來就是滾圓的。

像這樣大致很像、小處有所不同的兩種鳥，最大的差異在於牠們的叫聲。巨嘴鴉是以「KaA、KaA」這種極為普通的「烏鴉的叫聲」鳴叫。而另一方面，小嘴烏鴉則是發出「Ga～、GoA～」的沙啞叫聲。不過巨嘴鴉的聲音非常多彩，在生氣或其他時候也有可能會發出低沉的「GaRaRaRa……」叫聲，這點要注意。小嘴烏鴉則不會發出「KaA」的叫聲（很偶爾會發出KyuA般的警戒聲）。

確實能成為分辨指標的是鳴叫時的姿勢。巨嘴鴉會讓身體呈水平，頭部往前伸，邊擺動尾部邊鳴叫。而另一方面，小嘴烏鴉則是讓胸部膨大下顎收緊，從低頭俯視姿勢頓時揚起頭來，擠出像是「GoA～！」般的叫聲。即使不聽牠們的叫聲，光是看姿勢也能夠分辨這兩種烏鴉。

由於機會難得，在這裡也跟大家分享一下在圖鑑上通常不會刊載的，我個人的微妙分辨方式。在飛行的時候，尾羽長而圓的是巨嘴鴉，接近方尾的是小嘴烏鴉。此外，飛行中的巨嘴鴉身體及脖子看起來顯得細長。若是只看得見背影的話，就看拍翅時的深度。輕輕的、淺淺的「啪颯啪颯啪颯」拍翅的是巨嘴鴉；拍翅幅度很大，感覺很努力的是小嘴烏鴉。此外，金屬光澤比較強的是巨嘴鴉，小嘴烏鴉的顏色感覺稍微濁些。巨嘴鴉的翅膀有較強的紫紅色光澤，小嘴烏鴉看起來有點藍藍的。在地面上會蹦跳或是

鳴叫時的姿勢不同

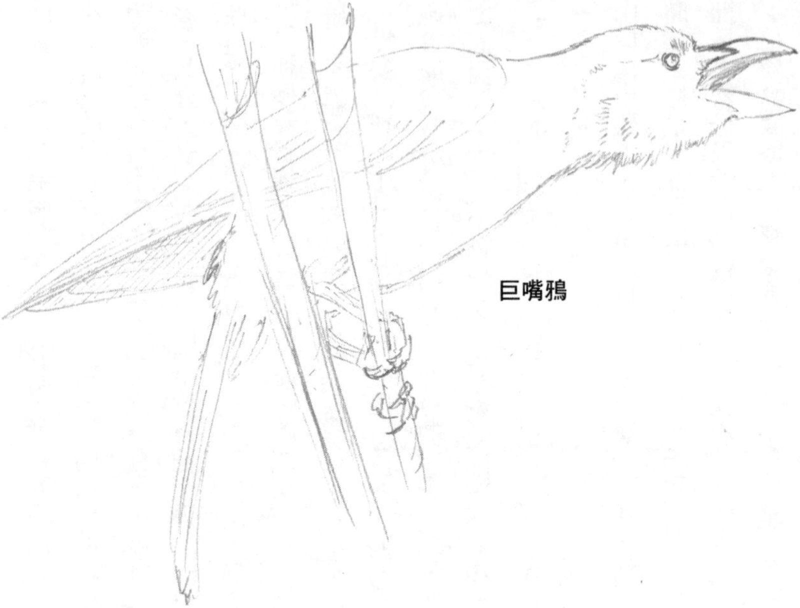

巨嘴鴉

小嘴烏鴉

「一二、一二」闊步走的是巨嘴鴉，把腳伸直咚咚咚走，急起來會快步走的是小嘴烏鴉。此外，從正面近看臉部的時候，眼睛稍微有點突出，看起來像是巴爾坦星人[8]的是巨嘴鴉；臉長得就跟普通鳥一樣的是小嘴烏鴉。默默記下這些重點，在賞鳥會上不經意的說出「啊，那是小嘴烏鴉吧」這類的話時，雖然可能會被尊敬，但是當牠發出「KaA、KaA」的叫聲時能夠迅速岔開話題假裝沒事才是重點。我也曾經有過犯了錯，變得非常窘的經驗。

另外，這兩種烏鴉對於棲息場所的喜好也有所不同。巨嘴鴉分布在森林或是都市地區，不常在農耕地看見。但是在深山裡或高樓遍布的街道上也很常出現。小嘴烏鴉則多分布於農耕地或河岸邊，在大都市裡的數量很少。即使出現，也是在公園般的場所。此外牠們會在疏林或是森林邊緣出沒，卻不會待在森林連續的深山裡。換句話說，小嘴烏鴉是住在開闊、視野良好的場所。牠們之所以不像巨嘴鴉那麼常鳴叫，恐怕也是跟棲息環境有關。因為牠們不必特地發出很大的叫聲，也看得見誰在哪裡做些什麼事情。

聽說東京都心是從一九六〇年代到七〇年代，變得適合巨嘴鴉棲息的。在建築物愈蓋愈高及徹底鋪面的道路奪走小嘴烏鴉棲身之地的同時，牠們也被持續增加的巨嘴鴉趕走了吧。現在基本上在東京都的中心地區是不會看到小嘴烏鴉的，但是在荒川或是多摩川等有廣闊河岸地的場所還是會有小嘴烏鴉。不

8 譯注：Barutan 星人，超人力霸王中的外星怪獸。

巨嘴鴉的飛行

知道是不是因為我住的地方離荒川及中川很近，在我住的公寓前面經常可以聽見小嘴烏鴉在叫。當然那裡也有巨嘴鴉。

但是日本絕大多數的都市並沒有東京那麼極端，通常都是兩種烏鴉混雜。在我做調查的京都市裡，巨嘴鴉與小嘴烏鴉的活動領域（雖說仔細觀察就會發現其環境有所不同）是交互並行的，在我老家的奈良市內也差不多。牠們基本上是很普通的，比鄰而居。不過牠們並不能夠雜交繁殖。這大概是因為叫聲及展示行為並不同，而讓牠們區分出彼此是不同種吧。

以全世界來看，巨嘴鴉可說是東南亞方面的鳥。分布範圍是從阿富汗到印度、經由馬來半島到俄羅斯的沿海州為止。島嶼則是菲律賓的部分地區、台灣、全日本，以及庫頁島的南半部。其實牠們在日本以外的地區並不是數量很多的鳥，也不是能夠在市街上看到的鳥。因為如此，目前的現狀是除了日本以外，針對巨嘴鴉的研究很少。或者是說，特地到東南亞去，卻放著那麼多其他深具魅力的鳥種不看，只觀察巨嘴鴉般的好事者是不存在的。

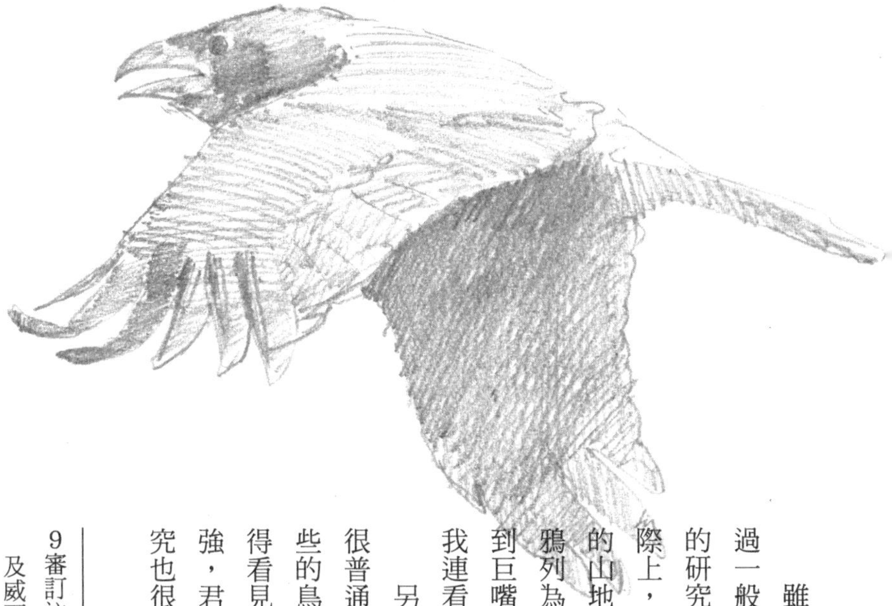

雖然大家聽我說巨嘴鴉不會出現在市街上時會很驚訝，不過一般認為牠們原本是森林性的鳥類。我的共同研究者被台灣的研究者問道：「在東京觀察烏鴉？那不是山區的鳥嗎？」實際上，在台灣的賞鳥圖鑑上面也寫著「巨嘴鴉棲息在中高海拔的山地森林中」。在賞鳥地鳥來或陽明山的介紹文中，把巨嘴鴉列為「在此處可見的鳥」。若是在日本的鳥書中寫著可以看到巨嘴鴉的話，一定會被吐槽「那是當然的吧」、「那種東西我連看都不想看」吧。

另一方面，小嘴烏鴉則廣泛分布於歐亞大陸，在歐洲也是很普通的鳥[9]。雖然小嘴烏鴉在日本是比巨嘴鴉小、稍微低調些的鳥類，體型大小在歐洲卻是僅次渡鴉。再加上渡鴉又是難得看見的鳥類，所以事實上小嘴烏鴉給人的印象就是最大、最強，君臨天下的烏鴉。不知道是不是因為這樣，針對牠們的研究也很多。聲音及社會結構被調查得相當仔細，在看英國的圖

9審訂注：小嘴烏鴉在歐洲的族群僅分布在西歐（德國以西）、英格蘭及威爾斯地區，並非全歐洲皆可見到。

鑑時，光是小嘴烏鴉的聲音說明就占了很多篇幅。對於看慣巨嘴鴉的日本人來說，會很想問：「聲音很多樣？小嘴烏鴉？」不過南橘北枳，換了地方，烏鴉的立場也是會跟著變的。

若是要說得更詳細，分布在歐洲西部的小嘴烏鴉是 *Corvus corone corone*（小嘴烏鴉西歐亞種），分布於俄羅斯中部到歐洲部分地區的是稱為黑頭鴉的別種亞種 *Corvus corone cornix*（也有人認為應該是別種物種）[10]。分布於包含日本在內的亞洲的是 *Corvus corone orientalis*（小嘴烏鴉亞洲亞種）。位於分布區正中間的黑頭鴉是黑白的斑點模樣，分布於其西側及東側的亞種則是全黑的。而且在分布區交接處，明明就是全黑與黑白花的烏鴉交錯，卻也沒有讓雜交個體散播開來。至於為什麼會發生這種奇妙的事，至今仍然未被解明。

不論哪種都被認為是同樣黑漆漆的烏鴉，愈是細看，就愈能發現牠們之間的差異，也會知道其實我們還有很多不了解的事呢。

10審訂注：分布於西歐的小嘴烏鴉（Carrion Crow: *Corvus corone*）和分布於中歐至俄羅斯西部的黑頭鴉（Hooded Crow: *Corvus cornix*）以往都認為分屬於小嘴烏鴉的不同亞種。但是因兩種烏鴉的外觀差異甚大，而且兩者分布的交界處有穩定且狹窄的雜交帶（hybrid zone，約十五公里至一百五十公里不等），雜交的個體並未大幅擴張，可能是雜交個體生存能力較差所致，因此只出現在交界處附近。目前主要的鳥類名錄皆認定兩者應歸屬於不同的物種。但本書作者認為兩者分別屬於小嘴烏鴉的不同亞種。

▲沒辦法適應都會生活，回頭「務農」的小嘴烏鴉

▲在都會區生活覺得很有幹勁的巨嘴鴉

烏鴉的一生

從前跟夥伴在一起風光了一陣

四月，在北之丸公園裡面走著走著，突然有隻巨嘴鴉現身，停在樹枝上。雖然樣子看起來好像想說些什麼，卻又不叫。到底是怎麼了呢？這樣想著停下腳步，牠又咻的飛到旁邊的樹上停著，還是默默的看著這邊。哈哈哈……非常在意卻又不吵不鬧的這種狀況，是在附近有牠的巢吧。雖然這棵樹的枝葉稀疏，應該不是這棵、那棵樹以烏鴉的觀點來說有點不夠格、這樣一來就沒有剩下高的樹、那麼，這棵雖然有點矮，卻很茂密的樹反而出人意料的大爆冷門？

對的，沒錯。抬頭一看，在上方有個用樹枝跟鐵絲衣架組成的巢，還有烏鴉的尾羽突出在外。雌鳥正在抱卵。剛剛看起來一副擔心樣的是雄鳥。巨嘴鴉在離巢很近的時候是不會叫的。這大概是由於要是吵鬧的話，反而會暴露巢的位置，所以在警戒吧。

烏鴉的一生，就是從這裡——巢——開始的。

烏鴉具有一夫一妻的配偶制度。這以鳥來說是很普通的。雌雄兩隻鳥具有領域，在裡面築巢繁殖，基本上也在這個領域中覓食。若是有其他的烏鴉想要進入自己的領域，就會大聲鳴叫催促對方「你給我出去」。要是對方不肯出去的話，就會以武力把對方打出去。牠們會邊跟想要通過上空的烏鴉平行飛行，邊改變前進路線把對方趕出去。這種像是自衛隊飛機般緊急起飛時的光景是經常可見的。

巢基本上是以樹枝組在一起、築在樹上的。在大都市中，雖然也有在電線杆或是大樓屋頂上的看板鋼鐵骨架等的人工物上營巢的例子，不過以比例來看，還是壓倒性的以在樹上為多。附帶說明的是我到現在為止看過環境最好的巢，是在生長於廣闊水田中的堤岸旁的毛泡桐樹上，在土堤的另一邊有河水流動，更深處還有沉靜的群山映著彩霞，三隻小嘴烏鴉的雛鳥被剛開的桐花團團圍住，正在打盹。雖然講到烏鴉，就容易被誤會成牠們是在都會的電線杆上用鐵絲做巢，不過牠們並不一定都是過著這種擁擠枯燥、焦慮不安的生活。

烏鴉營巢的樹種很多樣，似乎並沒有太挑剔。在看過去的研究案例時，發現松樹、柳杉、樟樹、銀杏樹等都是很常上榜的營巢樹。雖然主要的理由是這些樹長得很高，另一個重點則在於枝條的長法跟樹葉的茂密程度。特別是巨嘴鴉好像很討厭自己的巢暴露在外，所以不管針葉樹或闊葉樹，只要是常綠樹就很常有烏鴉營巢。依我在京都下鴨神社觀察的例子，巨嘴鴉通常是在樟樹或是錐栗樹上營巢。這兩種都是常綠闊葉樹。不知道是不是由於東京少有樟樹，我覺得牠們在柳杉或松樹上營巢的比例頗高。或者是等到四月當葉子展開後，再在銀杏或是櫸樹上營巢。行道樹的銀杏會從修剪的地方長出枝葉，把巢築在那上面的正中間不但尺寸剛好，周圍又被圍得好好的，不必擔心掉下來，並且被遮蔽得很隱密，是個絕佳的場所。種植銀杏之後愈是修剪它，對烏鴉來說就愈是個方便的好地方。

小嘴烏鴉並沒有巨嘴鴉那麼神經質，初春時，在枝葉單薄的落葉樹上也會很隨興的築巢。對分布於歐亞大陸高緯度地區或是草原地帶的小嘴烏鴉來說，落葉樹是非常普通的，光是有樹長著就已經很感謝了，完全沒有那種非常綠樹就不行等的奢侈可言。在海外甚至還有在地上營巢的紀錄。

築巢的高度也多少有些不同，根據中村純夫的研究，在大阪府高槻市的巨嘴鴉平均在十二．一公尺的高度築巢，小嘴烏鴉平均為十．三公尺。平均值的不同是由於小嘴烏鴉也會在比較矮的地方營巢，而在京都看到的印象也差不多。雖然我覺得東京的巨嘴鴉好像在比較低的場所也會營巢，但這有可能是因為東京的烏鴉比較習慣人，或是由於烏鴉很多，沒辦法挑選好的物件，只好忍耐著住在矮樹上（請參照「那並不是垃圾」）。

此外，兩種都很喜歡的是高壓輸電線的鐵塔。由於就連看起來有很多營巢場所的地方，牠們有時都還會選擇在輸電鐵塔上營巢，所以這並不限於「因為沒得選擇，只好在這裡」。即使平常極度討厭巢被看見的巨嘴鴉也是一樣。很明顯的，雖然從哪個方向看起來都是暴露在外，可是以烏鴉的基準來看，那卻是「被包圍著」吧。我原本以為只要夠高，就算被看見也還是能夠保護自己的巢，可是牠們還是會在那些不管再怎麼看，高度跟周圍的樹沒什麼差別的鐵塔上營巢。這實在非常令人不解。不過牠們卻也不是任何鐵塔都好，巨嘴鴉看起來像是喜歡在有適當的狹窄縫隙處築巢。對烏鴉來說，那大概就像是很對味的「環繞感」吧。

雖然巨嘴鴉和小嘴烏鴉在市街上都有可能會使用鐵絲衣架當巢材，但卻也沒什麼巢是極端到整個巢都是由衣架做成的，大概都是樹枝與衣架混雜。當然衣架是從附近撿來的。至於那是真的被丟掉的，還是掛在晒衣竿上的，對烏鴉來說是一點也

▲鐵絲衣架對於蓋自己的小窩可是不可或缺的。

不重要，所以經常是從人家的陽台叼走。我曾經在春天清晨天快亮的時候，聽到陽台傳來「喀鏘」的輕微金屬聲而醒來，而我看到的又是烏鴉起飛時的背影。我看了一下，發現我掛在陽台的晒衣竿上的鐵絲衣架不見了。那大概被用來當成鄰近小學附近行道樹上的巢材了吧。除了衣架以外，不論是鐵絲或是打包帶[1]等，只要硬度適當也能彎曲的東西，都會被牠們拿來做外巢。樹枝大概是喜歡櫻花樹或銀杏，當然這會隨著周圍的樹種而有所改變。

用來放蛋的產座（內巢），也就是巢的內部裝潢，是用纖維質的柔軟素材製作。假如有像稻草般的東西是最適合的，不過在都會區中，牠們會巧妙使用散開的棕櫚繩（從植栽的支柱上偷來）、狗毛（撿拾掉在路邊的）、塑膠袋、被丟棄在工地的養護布[2]（很靈活的叼住一端再撕扯開）、假睫毛或假髮的毛（這也應該是垃圾吧）、綿（大型垃圾如沙發或是椅墊的內部）等。前幾天我看到一隻巨嘴鴉叼著整綑封箱膠帶回到剛開始築的巢，不禁想到「難不成要用膠帶補強？」不過還好牠們好像還不知道使用方法，在思考一陣子之後又帶著它飛走了。話說回來，那整捲的封箱膠帶到底是哪裡看起來像巢材，這件事還真是令我不解。

▲我到底原本是想要做什麼啊？

你到底是想要做什麼啊。

小嘴烏鴉的產卵期在二月底，巨嘴鴉則是從三月中開始。雖然我曾經聽大阪的烏鴉研究者跟我說，他看到過巨嘴鴉在二月中產卵的例子，不過那是例外。產卵會受到個體的身體狀況、巢的完成與否，以及和鄰居的關係（若是成天都在爭地盤的話，別說是產卵了，就連築巢都會變晚）等條件影響；而小嘴烏鴉的產卵高峰是在三月，巨嘴鴉是從三月後半到四月左右。此外，在途中因營巢失敗而再次挑戰、重新築巢的例子也是經常發生。我也曾經看過剛築完巢還沒開始產卵，巢就已經被拆除，一直做到第三個巢的巨嘴鴉（結果那年就沒有繁殖）。最初的築巢很常會花上一、兩個星期，但是再營巢時則是以飛快的速度趕工，在短短的幾天內就築好巢來產卵。這除了生理上的時機之外，應該也是因為再拖下去，就會喪失繁殖的機會所致吧。

蛋大概是四個到五個，在橄欖褐色的底上有深色的斑點（假如蛋的顏色淡的話，有時會帶點藍灰色）。長在五十毫米左右，比鴿鶉蛋要大，不過比雞蛋小。

孵蛋通常只有雌鳥在負責，孵蛋期間大約為二十天。在這個期間，雌鳥會一直坐在巢裡面，偶爾出

---

1 譯注：在郵局或宅配寄紙箱時，綁在紙箱外面的黃色扁硬塑膠條，亦稱捆包帶。

2 譯注：養護布（curing sheet）是用在移栽樹木或樹木養護上的「護樹布」，代替用草繩或麻布片纏繞在樹幹及枝條上的傳統技術。

來伸伸腿和翅膀。也許是在做伸展操讓身體比較不累吧。然後順便整理一下羽毛，休息幾分鐘後再回去孵蛋。

在這段期間內，雌鳥的食物全部靠雄鳥運來。但是由於巨嘴鴉對於保持巢所在位置的隱蔽性非常在意，所以雄鳥是不會進到巢裡去的。牠會停在稍微有點距離的地方小聲的叫「GaRaRa……」，把雌鳥叫出去。或者好像是說「我放在這裡喔」般的邊叫邊飛走。雌鳥會偷偷從巢裡出來，停在樹枝上接受食物，再很慎重的特地迂迴繞路才回到巢中。

在這一點上，小嘴烏鴉就開放多了。雄鳥會堂堂的回到巢中，像是說「給你」般的把食物塞進索食的雌鳥口中。當雄鳥經過巢的前面時，雌鳥會像是在說「我餓了我餓了～！」般的大吵大鬧。當雄鳥找到什麼好東西卻不拿過來的時候，雌鳥就會從巢裡飛出去，像是「我要那個」般的索食。在調查地有一對跟我交情最好的小嘴烏鴉（我稱牠們為α和β），以前曾經發生過在α找到烤地瓜的瞬間，β就把蛋丟下不管的追著α跑，當α不理牠時，牠還繞到另一邊去繼續「給我給我」的索食，終於輸給牠的α只好放棄原本想吃的烤地瓜而飛走（只不過有先咬了一口，叼著飛走了）。β當然是連皮都吃得乾乾淨淨之後才回到巢裡去。

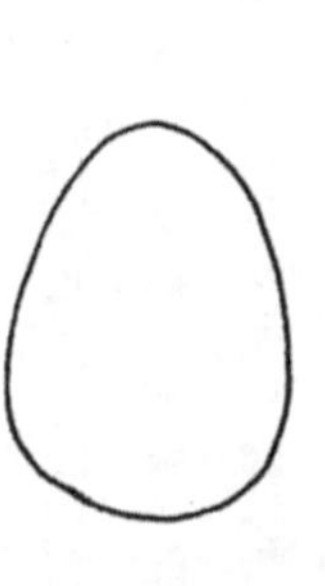

▲雞蛋

▲烏鴉蛋

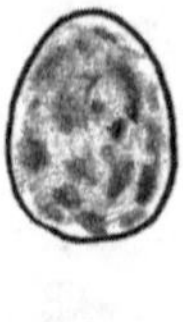

▲鶺鴒蛋

小嘴烏鴉的孵蛋

這樣經過二十天左右，雛鳥誕生了。最初是光裸裸的，皮膚紅紅的（也有點紅黑色的感覺）。由於放置不管的話就會因太冷而死亡，所以雌鳥會護著雛鳥坐在巢裡。那個情況看起來跟在孵蛋中是一樣的，雄鳥送食物過來的狀況也相同。但是稍微有點不同的，連巨嘴鴉也是由雄鳥直接把食物送到巢裡來。此外，在孵蛋中會吵鬧「肚子餓了」的雌鳥，在雄鳥來的時候就會立刻站起來靠到旁邊，默默看著雄鳥餵雛鳥吃東西。從其他多種鳥類的狀況來類推，應該是雛鳥的大紅色嘴巴成為刺激的關鍵，讓牠們有「不把食物塞進這個嘴巴裡就無法平靜下來」的感覺吧[3]。雛鳥在親鳥（或類似的個體）回來的時候，就會像手偶那樣伸長脖子張大嘴巴。在獲得食物之後，又啪搭的縮回去繼續睡覺。在這個時期的調查中，要是不仔細觀察餵食時機的話，就會完全弄不清楚巢裡究竟有幾隻雛鳥。

3審訂注：乞食（begging）是雛鳥生存的重要策略，為了與兄弟姊妹競爭（sibling competition），會努力張大嘴巴、露出口內鮮黃或鮮紅的顏色、伸長脖子並發出乞食聲（begging call），這些都是刺激親鳥餵食的重要訊號。

▲烤地瓜是烏鴉最喜歡的食物

雛鳥就這樣一天天長大，到了長出羽毛時就不需要經常抱著，雌鳥也會開始到外面覓食。這樣一來，餵食速度就會變快。起初是一小時大概只能餵一次，不過到了即將離巢前，就變成十五分鐘左右就一次的高頻度。然後，大概在三十二到三十五天大時，就到了離巢的日子。

離巢的那天，烏鴉幼鳥把巢擠得滿滿，好像快把巢擠爆了。其中一隻幼鳥緊抓住巢的邊緣，啪搭啪搭的拍打翅膀之後，總算把腳踏出來，從巢裡出來停到樹枝上。沒保持好平衡，幾乎要掉下來的時候再「唉呀呀」的踏穩、暫時停在樹枝上眺望外面的世界，然後又下定決心「還是回去好了」、回到巢裡睡覺。這就是烏鴉的離巢。「拍打翅膀前往廣大的世界」般的感動場景，是完全不會出現的。接下來在外面度過的時間逐漸增多，過了幾天之後就不再回到巢裡。

雖然如此，要到多少能夠飛來飛去的程度為止，還得等上一星期左右。最初是停在樹枝上發呆。肚子餓了就「GuWaA」、「KuWaA～」的叫。要到食物之後就再繼續睡。一瞑大一吋這種事，對烏鴉來說也是一樣的。在那之後是跟在父母後面努力學飛，再有樣學樣的啄著（自以為那是）食物的東西，不過這樣也還只是個半吊子的烏鴉。直到烏鴉能夠獨立，最快也需要二個多月，久一點的話得要花上半年多的時間。以鳥來說，烏鴉親子一起度過的時間可說是例外的長。

此外，不論是巨嘴鴉或是小嘴烏鴉，平均的離巢幼鳥數都差不多是兩隻。雖然蛋有四、五個，不過由於經常會有一個左右不會孵化，成功孵化的就是三、四個。然後會有一隻或兩隻等不到離巢，就已經因為食物不夠或意外事故而死亡。能夠養出三隻是很棒也很少見的，不過我還是有看過四隻的。當然也會有一隻都沒養大的情況。

雖然沒有仔細研究過烏鴉的族群動態，不過我可以在這裡做個非常粗略的計算，看看到底有多少幼鳥會在成長的過程中死亡。首先，把烏鴉開始繁殖的年齡當成三歲、假設牠每年產四顆蛋。壽命用二十年來估計。依這個假設來做很單純的計算時，就是一隻烏鴉在結束牠

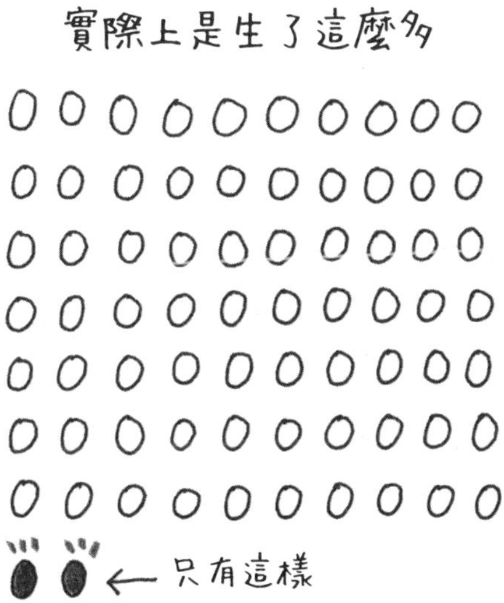

的一生為止，會生下七十二顆蛋。牠的孩子生出孫子、孫子生了曾孫……這樣算下去的話，一對夫婦在生涯結束前，可以生到第六世代，家族合計可以生下兩百五十二顆蛋。從兩隻開始，二十年後達到一百倍以上。這個地球在轉瞬之間就會充滿烏鴉。再繼續把計算單純化，若是在下個世代只有剩下兩隻在繁殖，就是不增也不減，這樣看起來就是一個世代在整個生涯中所生的七十二顆蛋之中，七十顆是沒有留下孩子的在某個階段就死亡。能夠留下子孫的，低於百分之三。

烏鴉的孩子是看了就知道。首先，由於羽毛還沒有全部長出來，尾羽很短、脖子看起來不太可靠。幼鳥的羽毛雜亂沒有光澤。特別是巨嘴鴉的幼鳥頭部就像是「遵守校規理得超短」般，跟親鳥的感覺相當不同。叫聲也是「GuWaA」、「NnA～」般帶點鼻音的撒嬌聲（巨嘴鴉）或是微細的「KuWaA～」（小嘴烏鴉）。而且兩種都是藍眼睛。雖然藍色的部分是虹膜，可是因為鳥的眼睛只看得見虹膜，在帶點灰色的淡藍色眼睛正中間，可以看見黑色的瞳孔。說到藍眼睛，通常會給人惹人憐愛的印象，不過在烏鴉的場合，那只是純粹的藍色三白眼[4]。眼神比親鳥兇惡（雖然在一個月大左右時會變成跟親鳥一樣的褐色，不過在那之後還是會有一段時間顏色比較淡）。此外，嘴裡是紅色的。要是麻雀的話，是「喙部黃色的小屁孩」，烏鴉則是「嘴裡是紅色的小鬼」。在嘴角或是喉嚨附近，一直到羽毛全部長出來之

4 譯注：烏鴉的是下三白眼，也就是黑眼珠往上提，黑眼珠的下方露出一圈眼白。面相學家說有下三白眼的多半是智慧型經濟罪犯，最好遠離。

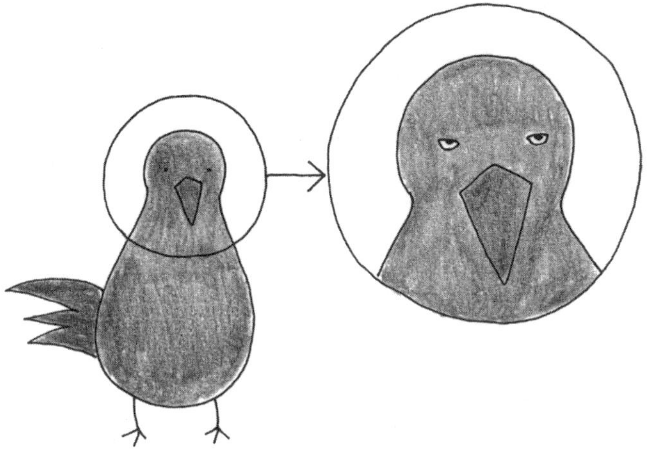

▲三白眼是可愛幼鳥的證明

▲反應過度也是可愛幼鳥的證明

前，皮膚都有點透明，看得見嘴裡的紅色。嘴裡的紅色會維持相當長的時間，一般認為要到隔年以後，一直到喉部深處才會完全變成黑色。個體差異很大，可能是跟營養狀態或是社會性階層等有關。換句話說，嘴巴裡變成黑色，正是「轉大人的證據」。此外，幼鳥的動作很僵硬，做任何事情也都很隨興、反應很大，行為很孩子氣。

巨嘴鴉的獨立時期約八月，小嘴烏鴉則是在秋天以後。雖然牠們並不會做出「我要搬家」這樣的宣言，我們也不會知道牠們究竟是獨立了還是死了，不過從經驗上來看，在這個時期消失不見的離巢幼鳥數量增加，同時，在領域外的地方也開始可以看到年輕的烏鴉。根據羽田健三與飯田洋一的研究，小嘴烏鴉的幼鳥有時甚至會在親鳥的領域中待到隔年的繁殖期為止。我自己是沒看過這樣的例子，不過倒是有看過到十二月多都還沒獨立的例子。

那麼，離開親鳥的烏鴉是到哪裡去了呢？其實這個並不清楚，因為各種原因，讓我們沒辦法幫牠們上標做簡單的追蹤。透過觀察與推測，一般認為牠們應該是混入哪裡的鳥群裡去了。雖然已知有分散到非常遠距離的例子，不過看起來牠們應該不會去到太遠的地方。因為明明應該已經獨立了的個體，偶爾還是會回到老家吃飯呢。

從夏天開始獨立的巨嘴鴉，經常在夏末時形成只有年輕個體的團體。由於這是由年輕氣盛的傢伙們組成的鳥群，完全就是跟高中生出外參加畢業旅行一樣吵雜。但是在這裡面似乎還是有一定的階級，三不五時會發生爭吵。我看過的巨嘴鴉街頭亂鬥（street fight）是兩隻烏鴉比肩齊步，互相碰撞肩膀後，就開始勾對方的腳，而且還彼此抓住對方的腳開始拉扯。不久之後勢均力敵的狀態被打破，其中一方會輕輕的想要蹲下。站著的那方用力一拉，讓對方倒下來仰躺著之後，便踏在牠的翅膀上，接著雙方停止動作。以人類來說的話，就是把對手打倒在地之後，想要用騎態攻勢（mounting position）毆打對方的姿勢。牠們好像不是隨心所欲的像打沙包那樣無止盡的把對方打扁，而是像狼的爭鬥那樣，有著不讓對手受重傷的規範在。

才這樣想著，在周圍觀看的閒雜人等就開始拉扯打輸那方的尾羽，被踩在腳下的個體受不了後就會飛起來逃走，剩下的烏鴉還會成群追趕在後，讓整件事變得非常吵鬧。這麼看起來，好像是一不小心輸掉的話，就會真的被打得很慘。而且連毫無關係的旁觀閒人等也都湊過來打。這給人一種殺氣騰騰的印象，不過牠們的地位高低應該也就是靠這個來決定。這種順位似乎只要決定過一次就會被記住，所以牠們並不會時常打架。就像是學園連續劇裡總是會有的橋段，只要有轉學生來，就一定會較量一次決勝負那樣。

根據伊澤榮一等人的研究，在飼育狀態下的巨嘴鴉群有非常明確的位階。地位優劣與體型大小不太有關，是以雄性占優勢、攻擊性又高的個體為強者。而根據海外的研究，小嘴烏鴉在集團內也有排位階，雄鳥、雌鳥個別有其位階。

就這樣的，在那一年出生的幼鳥，跟雖然已經超過一歲卻還沒有自己領域的亞成鳥（有時也有成鳥暫時混在一起的可能性）會成群一起生活。亞成鳥的羽毛雖然跟幼鳥羽的蓬鬆雜亂有所不同，卻沒有成鳥那樣的光澤。特別是小嘴烏鴉的飛羽是像褪色般的偏茶色。我們經常聽到有人說在公園等地有烏鴉群，「好像希區考克電影那樣會攻擊人的感覺，好可怕」，不過那些成群的個體是沒有自己領域的非繁

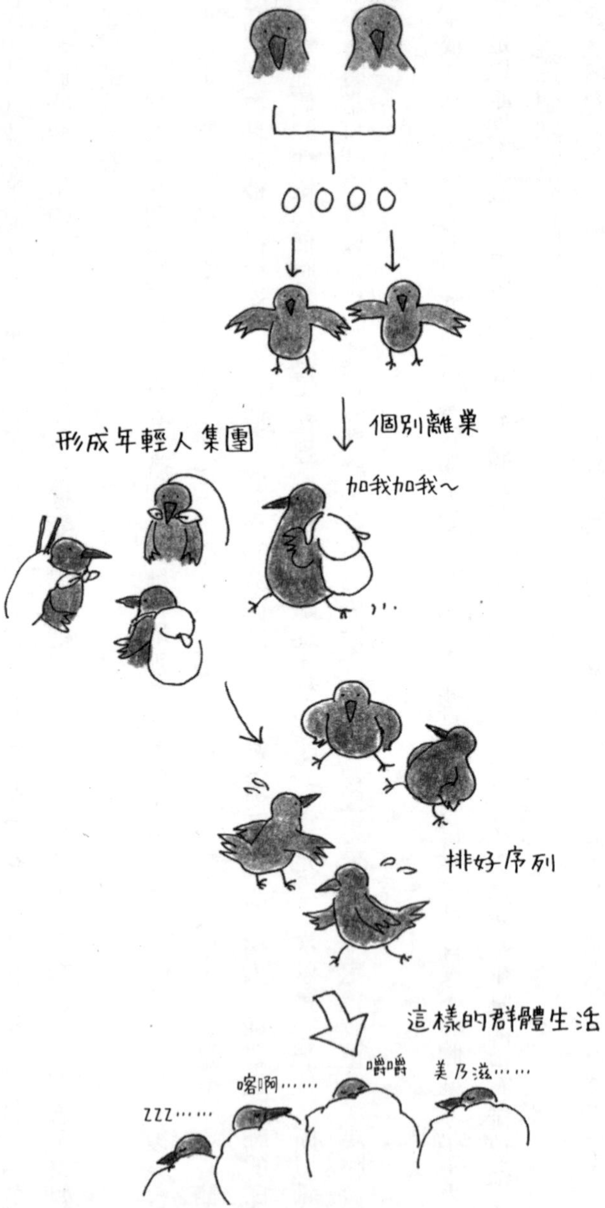
個別離巢
形成年輕人集團
加我加我～
排好序列
這樣的群體生活
ZZZ……
喀啊……
嚼嚼
美乃滋……

殖群。牠們過著遊手好閒的日子東晃晃西晃晃，成天只是為了尋找好吃的東西而飛來飛去，既沒有要拚命守護的自己的小孩，也不會朝著人類飛去（「我可以吃那個便當嗎？」倒是有可能會為了這個目的而湊過來）。有必要注意的是非繁殖群跟繁殖個體的生活是完全不同的[5]。這之間的差別，大概就像學生時代與出社會結婚後的生活差異那樣大。

在城市的街道上，烏鴉群會在一大早前往可能會有食物的地方，在鬧街上專心一意的努力吃東西。這個時候多半是分散成幾隻到十隻左右的小群活動，不過還不清楚牠們是有特別分成固定的班底，還是只是隨意的分開。牠們之所以不會形成大群，可能是因為沒有那種可以很多隻一起吃的食物所致吧。雖然有時在大型的垃圾收集場也會有多數個體聚集，可是能夠同時吃到食物的最多也只有兩隻或三隻，通常都只有一隻。其他的個體不是在後面「還沒好嗎～還沒好嗎～」的等著，就是想要從旁邊把自己的喙部插過去而被威嚇，然後放棄等候改為去找別的食物。

當垃圾被回收、路上的行人增加、進食時間結束，牠們就會到能夠讓整群烏鴉都在那裡打發時間般的公園裡享受休憩的時光。在這裡休息一下玩個水、吵個架、找找點心等，過著隨興的生活。在早上沒有找到足夠食物的個體，有時也會想要到多少有點食物的地方去。只不過若是進到有繁殖個體領域的場

---

5 審訂注：鳥類在繁殖季時，未繁殖的個體稱為「游離者（floater）」，有些鳥種的游離者會單獨活動覓食，有些則會結群活動，形成本書所說的「非繁殖群」。游離者數量的多寡往往是鳥類繁殖族群是否飽和的指標，也有可能是良好的棲地不足以建立繁殖領域，因而使游離者數量增加，游離者的數量也是鳥類保育的觀察指標。

▲巨嘴鴉的幼鳥
（離巢後大約 4 星期）

▲小嘴烏鴉的幼鳥
（離巢後大約 4 星期）

所時就會被打出來。冬天好像還好，但是在繁殖期時絕對是不給進去的。反而是烏鴉群平常聚集的地方通常不會是誰的領域，因為那並不是能夠安心育幼的場所。

到了傍晚，烏鴉就會聚集到群體夜棲點[6]。夜棲點很常是由巨嘴鴉與小嘴烏鴉混雜。由於禿鼻鴉全天都以大群行動，有時會整群自己單獨夜棲，不過有時也會跟他種混雜在同一個夜棲點中。

雖然我寫的是到了傍晚，不過在巨嘴鴉中，也有些個體是從滿早的時間就開始聚集，然後晃來晃去。那可能是因為牠在早上就已經翻過垃圾，找到食物了。小嘴烏鴉則是以在農地或是河邊平原默默尋找小型食物到比較晚的時間，到了傍晚再一起回來的狀況為多。然後，在日沒的時候抵達夜棲點。雖然進入夜棲點的時刻並不是完全決定好的，進入夜棲點的高峰時間跟光照度是相對應的。也就是說「天色已經變暗，該回去了」。「和烏鴉一起回家吧[7]」的歌詞非常正確。此外，有時候在進入夜棲點之前會先做一次就寢前集合，最後才真的去睡覺。

夜棲點通常是在夜晚沒有人煙的森林（雖然有時會在城市街道上，而且是在電線上睡覺，不過那還算是例外）。神社或大型公園有很多。在東京是以明治神宮、目黑自然教育園、上野公園等為有名。京都則沿著東山有幾處，在洛西附近也有。奈良市則是在春日大社周邊。小的也有幾百隻，大的則可達數

---

6 譯注：只有一起睡覺叫做集體夜棲，地點稱為夜棲點；一起築巢叫做集體營巢，地點叫做營巢地。

7 譯注：這是日本最有名的童謠〈晚霞〉（日文歌名為夕燒小燒，是一九一九年中村雨紅發表的詞，於一九二三年由草川信配上曲）的歌詞最後一句。

▲早睡早起是健康的根源。要跟烏鴉學習。

千隻。從前在明治神宮及平林寺（埼玉縣）的夜棲點是四千隻的等級，在德島縣也曾經找到過多達八千隻烏鴉聚集的夜棲點。根據長野縣的山彥哲等人的研究，烏鴉以小群小群依序整齊的排隊加入集團飛往夜棲點，那個距離可達三十公里。

雖然全年都會形成夜棲群，不過一般都是以冬天的規模比較大。那是由於在那一年出生的個體、結束繁殖的成鳥都會參加所致。此外，夏天跟冬天的夜棲點也經常會不一樣。雖然我們目前對牠們特地聚集在一起睡覺的理由還不清楚，但有說法認為那是為了要提高對外敵的警戒性，或是獲得食物的資訊。從安地斯神鷲（*Vultur gryphus*）的研究得知，由於知道食物在哪裡的個體會在一大早就毫不猶豫的飛出去，所以只要跟在看起來很有自信的個體後面，應該就可以得到食物。

只不過夜棲點並不是像從前研究者認為的那樣不可或缺，也不是很有秩序。在前面那個研究的例子，可能是由於附近只有一個夜棲點，而且不進入夜棲點就會有受外敵威脅，或是無法獲得情報的危險等，所以必須聚集非常多的個體才行。在東京使用ＰＨＳ做追蹤的例子，是年輕的烏鴉們會在東京都內的各個夜棲點間流轉，發生了什麼就會像是抱著「果然，還是到那裡去好了」的想法，在半夜改變夜棲點，覓食場所也是今天新宿、明天池袋般的照自己喜好隨意移動。而且我也有在不管再怎麼看也不像是群體夜棲點的場所，找到過幾隻或是單獨一隻在睡覺的例子。這大概是因為在東京不必擔心被貓頭鷹攻擊，覓食場所根本隨地都是，只要眼睛一睜開就可以在周圍找到可以吃的東西，所以不需要特地採取很規律的群體行為吧。

縱然如此，雖然至今也還是不清楚為什麼會有這麼多的個體進入夜棲點，不過也許是帶有想要跟周邊的個體認識認識，打打交道的意味。有些實驗結果顯示，巨嘴鴉能夠記住其他個體的長相跟聲音，而從學習曲線看來，也應該能夠記住相當多的個體。另一方面，從伊澤及森下等人的研究，推測巨嘴鴉應該是離合集散型的社會結構（也就是說今天是在這個集團，明天改去那個集團的一個個輪流）。這樣的話，我們可以想像巨嘴鴉對於當地的個體大概都是認識而且記得聲音，不管是到哪裡去都有可能是「嗨，你好嗎？」、「啊，怎麼牠也在」的在做交流。能夠進行這些事情的社交場所是非繁殖群，而且有可能就是在夜棲點也說不定。

隨興、隨心所欲的到熟悉的街道上，不論何處都有朋友。肚子餓了，那裡就有薯條跟美乃滋。跟合得來的朋友一起到處晃晃，吃吃飯沖沖水玩一玩吃點心，天黑了就找個地方睡覺。這就是東京的年輕烏鴉們的日常生活。

言歸正傳。烏鴉的「年輕時代」相當長。大多數的鳥類在誕生的隔年就能夠繁殖。也有部分的小鳥

在第一年時會以能夠明顯分辨「我還年輕，請放我一馬」的羽色來累積經驗，到兩歲再開始繁殖。以烏鴉來說，誕生的隔年原本生理上就還無法繁殖，即使兩歲也（雖然在海外的小嘴烏鴉有過繁殖案例）在社會地位上被當成年輕小伙子，滿三年才馬馬虎虎被認為是該成年了吧？雖然也有報告認為一年啷噹也有可能繁殖，不過假如真是如此，也應該是極為早熟的個體吧。

一般有領域性的鳥類，是由雄鳥確保很好的場所，在大聲鳴唱驅趕競爭對手的同時，也在呼喚雌鳥。白腹琉璃（*Cyanoptila cyanomelana*）、黃眉黃鶲（*Ficedula narcissina*）、日本樹鶯（*Horornis diphone*）的美妙鳴唱聲其實是「這裡是我的地盤，而且我正在找新娘子喔」的宣言。可是烏鴉卻是在不知什麼時候就已經在群裡形成配對。也就是說，配對比領域還要早形成。

歐洲的小嘴烏鴉據說是由群體中最強的雄性跟最強的雌性組成配對。有時候似乎也會有從雌性先向雄性示好，我有看過毫不害羞的湊上去蹭雄性的小嘴烏鴉雌鳥，以及想要在那裡插上一腳的另一隻雌鳥的影片。最後是那兩隻雌鳥大吵一架。康拉德．勞倫茲也針對分別從雄性西方寒鴉兩側進行追求的兩隻雌鳥，做了非常有趣的觀察紀錄。

雖然巨嘴鴉的求偶過程並沒有被研究過，小嘴烏鴉也同樣有兩隻個體再怎麼看都沒有繁殖，卻經常緊貼在一起感情很好的樣子，所以在烏鴉群裡已經「變成老相好」是確實無誤的。這跟配對與位階應該也有關係吧。在烏鴉的世界中，靜香多半是會跟胖虎結婚的。

成對烏鴉的熱愛光景看了令人不禁莞爾，但是那個恩愛程度過火得讓人生氣，牠們展現出來的白癡情侶情景只能用「黏搭搭放閃」來形容。兩隻都已經比肩停在一起了，還要「吱吱吱」的再靠近一點，直到「霹咚」一聲的整個貼住，雄鳥「嗜」的把頭伸出去，雌鳥就仔仔細細的幫牠理羽，接下來就會「換我幫你（不過再等一下）」的幫雌鳥理脖子部分的羽毛……弄上好幾分鐘是家常便飯。在京都看到的雄性巨嘴鴉會「嗜，給你」把櫻桃遞給雌鳥，雌鳥再用喙部尖端啣住櫻桃，「還是給你」的還給雄鳥；雄鳥一副好像已經把它吃下去的樣子，卻又像在變魔術般的把它移到喙部尖端，當雌鳥「還是給我好了」的叼著它時，再「也要分我」的把它拿回去，算來算去那顆櫻桃總共這樣遞來傳去的換五次位置。你們實在是夠了。

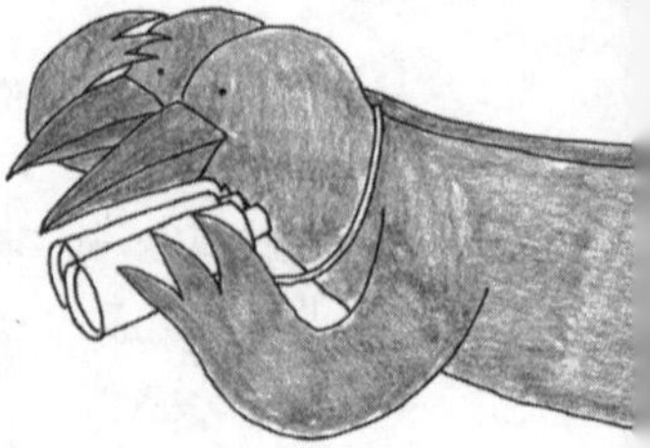

▲預計要強行侵入領域

◀「我可不會把巢交給你呢！」
※實際上，雄鳥不會進入巢中。

但是很遺憾的，這對烏鴉是不是就此真的成為繁殖配對，或者是不停重複分手及邂逅，其實並不清楚。只不過總會突然有成對前來硬插進別人領域中的傢伙，從這點來看，就大概可以推測獲得領域是需要兩隻合力才能維持的。從幾個研究中得知，雖然小嘴烏鴉是只要一隻雄鳥就能夠維持領域，但是只有一隻雌鳥就沒辦法維持。光是維持既存的領域都已經很辛苦了，何況是新來的落單年輕烏鴉想要奪取地盤，烏鴉的世界可不是那麼好混的。還是得跟伴侶一起，為了尋求新居而兩隻一起打拚、硬搶別人領域才行吧。烏鴉的新婚夫婦最初的共同作業，是無需議論的 Tag Match（職業摔角的雙人接替比賽，團體對抗賽）。另外也有觀察到衝進雄鳥死掉的領域中，把殘存的雌鳥趕出去、接收地盤的例子。

這種找新家的行為在春天跟秋天經常可見（由於我並沒有特地調查，也許只是我正好在那個時期看見而已）。我看過好幾次從京都御所飛出來的兩隻成對烏鴉，像是直升機或是降落傘般輕飄飄的降落在公園或神社等的小型綠地，每一次都會被已經待在那裡的主人迎頭痛擊而逃走，再降落到下一個綠地上，然後回到

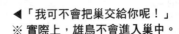

京都御所，反覆重複這種過程。有一年秋天，我在平時做調查的賀茂川的河灘平原，看到看起來很年輕的兩隻巨嘴鴉。這兩隻巨嘴鴉強硬的介入已經在那裡的一對小嘴烏鴉之間，就算一直不停的被趕走，也是每天每天都再回來，花了一整個冬天讓自己的存在被認同，並成功的留在那裡，從隔年開始繁殖。這麼看起來，虎視眈眈的想要像這樣在「空間」中硬插上一腳的年輕夫婦，在烏鴉的社會中好像還不少呢。

像這樣的，在總算確保自己的領域，也就是「自己可以吃得飽、能夠築巢，也可以獲得育雛用的食物」之後，才算是繁殖個體的成員。既不會像年輕時候那樣在各種熱鬧地方晃盪遊玩，也不會讓別人進入自己的領域之中。兩隻一起保護領域，白天主要在領域中度過，晚上有時會到夜棲點去會合，不過有時候也好像會在領域中睡覺。由於到了繁殖期時也不可能會丟下蛋跟雛鳥不管而到夜棲點去，所以有一直待在領域裡的感覺。因為那是暗夜中的烏鴉，在夜間確認牠們的行為並不容易，不過我曾觀察過好幾次牠們在日落後停棲在巢附近的樹上，隔天天亮前去看，又看到牠們從同一棵樹出來的狀況。可是也有研究發現牠們會在讓雛鳥睡覺後回到夜棲點。

當孩子們獨立、繁殖期過後，對領域的防衛也會稍微放鬆一些。等到過了年，小嘴烏鴉的產卵期剩下兩個月左右，也到了迎接該年度的領域重畫時期。領域的境界線並不會有大幅度的改變，不過還是會有些小競爭……「我們家是到這棵樹為止吧」、「你說啥？那棵樹是我的停棲所吧」、「什麼，你想打架嗎？」、「怕你啊，來啊」程度的吵架是經常發生的。在想要重新決定冬季期間放鬆防衛的領域時通常都是這樣，但有時也會真的吵得很兇。兩隻鳥在空中激烈衝撞，突然緊抓住對方的腳、彼此咬來咬去、邊互踢邊往下掉落，像這樣的景象也是偶爾可見。

當領域決定了、白天變長時，就是烏鴉們的營巢季節。雄鳥會「KaRaRaRa……KoRoRoRo……」的發出像漱口般的小聲音開始向雌鳥求愛。這種聲音跟求偶給餌有關連，好像是代表「給你，啊～的把嘴巴張開喔」。聽到這個的雌鳥會反射性的把身體趴下、翅膀半張的邊震動邊「AWaWaWa」的叫，擺出乞求食物的姿勢。巨嘴鴉在把食物交給孵蛋中的雌鳥時，所發出的聲音應該也跟這個一樣吧。這不只是單純的把食物交給對方而已，由於當兩隻靠在一起的時候偶爾也會「KaRaRa……」的叫，所以這應該也具有維持配對關係的意義在吧。雖然我只聽過一次成對小嘴烏鴉的叫聲，不過牠們的聲音是像「Ka…… Ku……」般，非常小而且很沙啞。牠們充滿愛意呢喃的聲音，應該是小到讓觀察者聽不見的吧。

不過至少以巨嘴鴉來說，雌鳥對於雄鳥聲音的反應似乎是反射性的，當我對著雌鳥發出「KaRaRa……」的叫聲時，牠們也曾經對我做出索食的行為。我以為那只是偶然，就再試了一次，還是得到同樣的反應。為了要確認再叫了第三次時，牠就停止「AWaWa」的應和，改成很激烈的對我進行威嚇。果然牠發現了有什麼不對呢。

此外，小嘴烏鴉的雄鳥也會像是意氣風發精力過剩般的跳舞，緊追在擺動尾羽像在表示「到這裡來」卻繞來繞去的雌鳥後面。這是交配的時期。雖然巨嘴鴉的交配也跟這個很類似，不過我卻沒有看過巨嘴鴉跳舞。

然後到了下蛋的時期，也就開始了新的繁殖季節。這個，就是繁殖個體的生活。

話說回來，既然烏鴉是野生動物，當然也會有天敵。

首先是貓頭鷹。即使是烏鴉，在夜晚還是不太行的。雖然牠們是日行性的鳥類，卻也沒有像被說「鳥目（夜盲症）」那般的在夜晚什麼也看不到，不過視力卻真的比白天要差很多（一般人雖然沒有夜盲但沒開燈就開車也是一樣很危險）。在警戒能力變差的夜晚若是被貓頭鷹攻擊的話，就有可能被捕食。就連西頓筆下描繪的老練烏鴉「銀星」，也是被鵰鴞攻擊而走向死亡的。

應該也是因為如此吧，烏鴉非常的討厭貓頭鷹。在白天只要看到貓頭鷹，就一定會加以攻擊，把牠趕走。被烏鴉群發現的話，貓頭鷹就會受重傷，有時還會因為想要逃走而撞到窗戶死掉。在下鴨神社曾經有過褐鷹鴞這種小型貓頭鷹繁殖，當褐鷹鴞白天在樹洞裡發出「HouHou」鳴叫聲的瞬間，周邊的烏鴉不論是巨嘴鴉或是小嘴烏鴉都一起發出叫聲，讓整個糺之森變得很吵雜。雖然褐鷹鴞的大小跟鴿子差不多，又是吃昆蟲的，應該不會是烏鴉的天敵，不過牠們應該是把長得像貓頭鷹的動物全都視為敵人了。

歐美有一種稱為「Crow Shooting」的狩獵方法，就是利用這種習性。方法是先把貓頭鷹的模型放在地面上，然後播放烏鴉的悲鳴聲。映入聽到悲鳴聲來看情況的烏鴉眼中的，是可恨的貓頭鷹。於是烏鴉會大聲吵鬧，聽到這些聲音的同伴就愈聚愈多。人類就用槍來射擊這些聚集過來的烏鴉。當然在貓頭鷹模型的旁邊就會躺著許多烏鴉屍體，看到這些慘狀的烏鴉會變得更加激動、攻擊貓頭鷹的模型。然後，人類再繼續對牠們加以射擊。

另一個天敵是猛禽類。在日本的蒼鷹會捕食烏鴉。棲息於埼玉縣狹山丘陵的蒼鷹似乎很常吃烏鴉，聽說牠們會在烏鴉回到夜棲點的路線上伏擊，攻擊烏鴉。蒼鷹的體型大小跟烏鴉差不多，但牠們不愧為猛禽，戰鬥能力非常強。

就像這樣的，烏鴉也很討厭猛禽。只要發現猛禽，就會非常猛烈的往牠衝過去，想要把牠趕走。就算是沒有領域的非繁殖個體，也會成群來追趕猛禽。所以不論是雀鷹、蒼鷹或黑鳶都會被烏鴉追趕夾攻，然後像是不想多惹麻煩般的逃走。像這樣的光景還滿常被看見。

基本上腐食性的黑鳶等猛禽，是絕對不會成為烏鴉的捕食者，但卻非常頻繁的被烏鴉挑釁追趕。雖然理由之一可能是會競爭食物，不過我猜牠們應該是只要形狀像猛禽的，就一律都很討厭吧。因為牠們就連像紅隼那樣，從體型大小就知道完全就敵不過烏鴉，不會競爭食物的對手也會去挑釁呢。

當然猛禽若是全力反擊的話，烏鴉也無法全身而退。若是仔細觀察，會發現只要黑鳶生氣，展現出攻擊的態勢，烏鴉也會閃避。在大部分的場合，猛禽並不會想要成為烏鴉的對手，都會逃之夭夭，不會真的打起來（由於烏鴉通常都是以複數存在，難以反擊應該也是理由之一吧）。對猛禽來說，跟烏鴉戰鬥不但無益，萬一受傷還有大害；若是因吵雜大鬧而讓獵物也統統跑光光的話，還不如趁早甩掉烏鴉，去找食物還比較乾脆呢。

我只有看過一次蒼鷹的亞成鳥相當認真的對烏鴉進行反擊的瞬間。一隻巨嘴鴉邊大聲鳴叫，邊以最快速度追在蒼鷹後面。看到烏鴉追來的蒼鷹傾斜身體，迅速的右、左、右的切換方向，進行小幅度的鋸齒形飛行（zig-zag，以戰鬥機來說稱為剪形操作〔scissors maneuver〕）。跟不上的烏鴉差點撞上蒼鷹，慌慌張張的想要飛越蒼鷹的上方。就在那個瞬間，蒼鷹豎直身體做了一個大翻轉，然後居然變成尾羽在前方的仰式飛行。同時就好像變魔術般的把腳伸出來，藉著翻轉身體的力道，從下方把烏鴉往上踢。

老實說，在那一瞬間我以為：「啊，烏鴉死定了。」因為蒼鷹的利爪是朝烏鴉的腹部伸出去的。不過烏鴉立刻將身體翻轉九十度，在千鈞一髮之際避開了利爪。只不過在保持高速的狀態轉向的結果，烏鴉迴旋後朝錯誤的方向飛去，趁機把飛行姿勢調整回來的蒼鷹就好像沒發生過什麼事一樣的，飛走了。假如對手是像戰鬥機般的鳥，能夠輕鬆展現出從剪形操作開始的普加喬夫眼鏡蛇機動（Pugachev's Cobra，超過迎角九十度的特技飛行，以米格29或蘇愷27在飛行秀中表演而知名）這類大技巧的話，烏鴉是完全沒有贏面的。所以若是運氣不好遇到這些對手的話，即使是烏鴉也就只能結束牠的一生了。

那麼，烏鴉究竟能夠活多久呢？

大約在十年前曾經有過一則報導，提到被飼養在倫敦塔中的渡鴉已經超過六十歲。小嘴烏鴉似乎也有在飼育狀態下存活四十年左右的例子。非常粗略的，以野生狀態的鳥類壽命低於飼育狀態下的一半來估計的話，渡鴉就可以活三十年，即使小嘴烏鴉也能夠活上二十年。由於這是平均壽命，其中應該就會有在野生狀態下活三十年、四十年的個體。

另外，以整體來說，鳥類的壽命都很長。像麻雀般的小型鳥類也是只要在飼養狀態下，就有活十年的例子；據說鶴類或是鸚鵡等則有七十年或八十年的紀錄。從白老鼠（體重跟麻雀差不多）的壽命差不多只有兩年來看的話，就會知道鳥類跟哺乳類相較之下，以體型大小的比例來看，是非常長命的。

烏鴉同學的家庭狀況

神田川與尼特族1及老爸翻臉掀桌

咦，巨嘴鴉居然在這種地方。這讓我稍微有點擔心。因為那裡差不多已經逼近鄰居小嘴烏鴉的領域邊界，而且在旁邊就有帶著剛離巢幼鳥的小嘴烏鴉雌鳥。雖然巨嘴鴉並不太怕小嘴烏鴉，但要是帶著孩子的話，即使是小嘴烏鴉也有可能會全力反擊。話說回來，由於巨嘴鴉也正在育雛，大概也正在努力尋找食物……

巨嘴鴉把注意力轉向地面。因為那邊掉著一個像是吃剩飯糰般的東西。當牠輕飄飄的降落到地面上之後，立刻張嘴把它叼起來，然後踢地面，回到原來的樹枝，不，是停到別的樹枝上。幼鳥就在那裡，把紅色的嘴巴張得大大的正在索食。巨嘴鴉正要把喙部伸到那個嘴裡去的瞬間，停下動作，緊盯著幼鳥的臉看。先是用左眼確認、再用右眼確認、然後把身體往後傾以兩隻眼睛細看。而後發現在幼鳥的右邊有一隻小嘴烏鴉，正用冰冷的目光看著自己。慌慌張張的回頭看時，才發現自己的領域是在背後。沒錯，由於只顧著看食物，才會不但侵入鄰居的領域，還差一點把食物餵進別人家的孩子嘴裡。

對著急急忙忙飛走的巨嘴鴉背部，好不容易才像解凍般了的小嘴烏鴉發出怒氣沖沖的叫聲。小嘴烏鴉的媽媽當然也很吃驚吧。假如有個體型大得好像魔鬼終結者般的傢伙莫名其妙的闖進來，對著寶寶說：「給你，啊～嘴巴張大點。」想要餵牠吃飯的話。

1 譯注：尼特族（Not in Education, Employment or Training, NEET），指既沒就學也沒工作或接受職業訓練的人，在日本是指從十五到三十四歲為止的非勞動人口中，既沒上學也沒在做家事的「年輕無業」者。

這是一九九八年實際發生在京都下鴨神社境內的事情。烏鴉同學的家庭波濤洶湧波瀾萬丈，充滿各種軼聞與故事。

話說從頭，當初想要知道烏鴉的事情時最傷腦筋的，是一般在調查小型鳥類時使用的方法對烏鴉並不適用。以鳥為對象做研究時的基本方法，是取得調查許可，用霧網捕獲鳥類、進行測量、上標記或辨識標記進行個體識別，記錄該個體曾經在何處、在何時有了領域、跟幾隻雌鳥交配留下多少後代等，再得出「所以具有○○形質的雄鳥會有高度的繁殖成功率」。可是當時我的研究所指導教授山岸哲老師在上專題討論時半開玩笑的說：「烏鴉的活動範圍太廣，看不見、捕捉不到、年齡不知道、性別不知道、巢的位置太高觀察不到，這不只是三重苦，根本就是五重苦、六重苦，所以我不做了。」這樣看來，想要從行為生態學的觀點觀察烏鴉的話，完全是種非常麻煩的鳥類（再加上牠們又沒有猛禽那樣受歡迎，也不是稀有鳥類，更是沒人要去做調查）。由於別無他策，我只好採取用眼睛追蹤從巢裡出去的烏鴉，盡量不失去牠的蹤跡。這樣一來，即使不能識別個體，只要能夠鎖定到「這個配對的其中一隻」，就能夠得到比「完全不知道是誰的某個體」要好些的數據（在看習慣以後，大概也能夠分得出是公的還是母的）。雖然我用這個方法觀察到了個別配對是如何使用不同環境，不過這是因為那是在沒有高層建築的場所才能做到的。縱然如此，要追蹤到處飛來飛去的烏鴉，一定需要對當地及烏鴉都很熟悉，我花了一整年才變得能夠追蹤小嘴烏鴉，而要追蹤活動範圍很廣的巨嘴鴉，則有必要花到二年以上的時間。首先，在最初的第一年，當我才剛開始追蹤小嘴烏鴉時，那隻雄鳥（我完全不可能忘記，牠就是α君）非常生氣的停止餵食，轉過來對我進行威嚇，於是營巢期的觀察只好延到隔年再做。在看別對烏鴉時也是在第一年時就極度的被威嚇，第二年時也受到相當大的注意，不過就僅止於牠們每小時來偵察我一次的程度。每隔不久，烏鴉就直直的飛過來停在樹枝上，確認我有沒有做什麼壞事再飛回去。不知道這樣究竟是我正在觀察牠，還是正在被牠觀察。要先歷經類似這樣的過程，直到能夠計算和對象動物之間的（實際與心理）距離為止，不然很難進行實際上有效益的調查。

那麼，像這樣總之就是跟在烏鴉後面進行觀察之後，就能夠看到各種各樣的光景。

烏鴉的小屁孩（由於牠們很調皮，所以我乾脆叫牠們小屁孩）吵吵鬧鬧、毫不可靠、非常有趣。只要一有機會，就會「KuWa～！」的邊發出叫聲邊叼各種東西。從還在巢裡面的時期開始，就會叼住在巢前面搖晃的葉子不停拉扯。不是這樣的時候，就把下顎搭在巢的邊緣上面睡覺。

前面我寫了在最開始時，巨嘴鴉差點就餵小嘴烏鴉的幼鳥吃東西的逸事，那恐怕是基於牠們看到大大張開紅色嘴巴的對象時，就會反射性的餵食所致。對鳥類來說，黃色的喙部，或是嘴裡的鮮豔顏色或模樣，就是「朝這裡餵食」的訊號，那似乎會讓繁殖期的親鳥產生「一看到就會產生非常想要餵食的衝動而無法抑制」。雛鳥也是，只要看到大大黑黑的東西，就會反射性的把嘴巴張開。我曾經為了想要拍攝烏鴉巢的裡面，把攝影機裝在十公尺左右的長竿上再伸出去。雖然那根竿子搖晃得很厲害，什麼也沒拍到，不過勉強可以加以識別的是，朝著黑色攝影機張開大口的三張紅色嘴巴。

就算已經離巢，親鳥也還是會照樣餵食。只不過，會逐漸轉成「你自己隨便吃」的態度。雖然幼鳥在親鳥面前彎下腰，邊拍動半張的翅膀邊「GuWaA」、「KuWaA」等的叫，展現乞食行為，親鳥卻會把臉撇向一邊，不理不睬。於是幼鳥就又繞到正面去「給我給我」的乞求。雖然親鳥在不久之後就會輸

▲沒什麼人知道牠們具有不輸給小貓的可愛萌感

給幼鳥而餵食，不過有時候也會「GaA！」的生氣。有趣的是假如食物是像橡實般無趣的話，幼鳥就不太想要，但若是像大型蚯蚓或是蟬的幼蟲那樣的「美食」的話，幼鳥就會拚命的「我想吃我想吃我好想吃啊」般的索食。我會在後面的章節詳述，不過在覓食行為複雜的小嘴烏鴉上經常可以看見這樣的「對話」（由於牠們是在地上做這件事，比較容易被看到也是理由之一）。

這個時期的幼鳥會叼著各種不同的東西。牠們應該是在模仿親鳥的行為吧。當小嘴烏鴉的親鳥在旁邊跳來跳去吃橡實或昆蟲的時候，一直看著地面的幼鳥會「就是這個！」的撿起來的，通常都是些落葉、枯枝或是小石頭。不過有時候牠們也會為了想要捕捉低空飛行的蝴蝶，而不停的跳來跳去。這些行為當然是怎麼做都是白工。可是看起來就跟小貓咪一樣，非常可愛。

話說回來，烏鴉真的認得「自己的孩子」嗎？

從人類看來，剛離巢的烏鴉幼鳥真是連種類都無法分辨呢。差一點餵隔壁的孩子吃東西的巨嘴鴉在事情發生前打住，看起來像是多少能夠分辨，不過有時候狀況就很令人懷疑了。

這是我在奈良市的平城宮遺跡進行觀察時發生的事。平城宮遺跡是一整面的草地，上面停著小嘴烏鴉。周邊是住宅或車站前，有巨嘴鴉待著。我在觀察的是帶著三隻幼鳥的小嘴烏鴉一家，以及隔壁同樣帶著三隻幼鳥的巨嘴鴉一家。兩者都想要停在近畿鐵道的軌道架線上，卻因太過接近而在空中發生大亂鬥。不過更正確的說，在亂鬥的是兩家的親鳥，幼鳥們只是由於太過激動與興奮而在周圍亂飛亂繞。當這場騷動平靜下來之後，烏鴉分成兩群，巨嘴鴉停在架線跟它對面的樹上，小嘴烏鴉則下到草地上，以母親為隊伍前導，開始在地面上覓食（雄鳥在某處警戒中）。在地面上蹦蹦跳跳啄食著的母親後面，跟著已經能夠自己找東西吃得相當好的四隻幼鳥們。欸，等一下，四隻？一、二、三、四……再怎麼算還是有四隻。在隊伍最後面的孩子還走得不太穩。而且一點也沒有啄地面。走在前面的兄弟姐妹們一副好像「你在幹什麼？」的表情歪著頭看牠，而快要被放鴿子的那隻則蹦蹦、啪搭啪搭的邊跳邊追趕。除此之外，喙部還很大。喂，你是隻巨嘴鴉耶！

走在最前面的小嘴烏鴉親鳥，就像是什麼也沒注意到般的繼續蹣跚地往前走。然後，牠突然回過頭來確認孩子們，開始往前走之後「咦？」的看第二次、再看了第三次。牠應該總算是發現「事情有點奇怪」了吧。然後為了確認孩子們的臉而靠過來，開始對著排在最後的那隻巨嘴鴉幼鳥進行威嚇。對那隻幼鳥來說，牠一定搞不清楚自己到底是為什麼被罵，於是用很可憐的聲調發出「GuWaA、GuWaA」的悲戚叫聲。在那個瞬間，聽到自己孩子聲音的巨嘴鴉親鳥有了反射性的反應，發出「GaRaRaRa！」的威嚇聲衝過來。再次開始大亂鬥。我原本還擔心要是在這裡大家打成一團的話，事情就會一發不可收拾，還好巨嘴鴉的幼鳥三隻、小嘴烏鴉的幼鳥三隻都確實回到親鳥的身邊，迷路孩子的大騷動總算平安解決了。

認錯孩子的臉這種事，以人類來說實在是很糟糕，相較之下「差點去照顧別人家的孩子」還算好的。不過，烏鴉是不是會認錯自己的另一半？這種例子我也有見過。

在京都高野川的御蔭橋附近住著一對小嘴烏鴉。不過在下鴨神社營巢的一對巨嘴鴉也很頻繁的到高野川的對岸去覓食，每次都會侵入這對小嘴烏鴉的領域再飛出去。雖然對巨嘴鴉來說，大概是「反正只是路過，應該還好吧」，但是站在小嘴烏鴉的立場，自己的領空被這樣毫不在乎就當自家客廳般的經過，實在是非常的惱火，所以每次只要看到就會生氣。

有一次，兩隻巨嘴鴉很明顯的侵犯領空，飛往高野川左岸。最先查覺到的小嘴烏鴉雌鳥發動擾亂攻擊，急速的跟在後面追趕牠們。雄鳥不知道是不是在比較遠的地方，出現得有點晚，在位於橋頭的料亭屋頂上監視周圍。在這個時候，小嘴烏鴉的雌鳥跟兩隻入侵者已經抵達對岸，飛到大樓的陰影下面，小嘴烏鴉的雄鳥應該是看不見的。而從我的位置卻能夠把被小嘴烏鴉的雌鳥追趕，低空逃往東邊的兩隻巨嘴鴉看得很清楚。

▲自己到底是誰，這是個小問題。

順利的把兩隻巨嘴鴉趕走的雌鳥，緩慢的飛越高野川再折返回來。就在那個時候，持續在料亭的屋頂上監視的小嘴烏鴉雄鳥開始大聲鳴叫。雖然雌鳥邊飛邊往後看，檢查後面是不是還有什麼東西跟著，不過巨嘴鴉已經趕走了，其他什麼也沒有。可是應該要迎接自己的雄鳥卻還持續朝自己的方向威嚇，而且還像是要痛擊什麼的一樣緊急發進，雌鳥也一定極為困惑才是。

雄鳥很明顯的是採取了針對雌鳥的攻擊路線。然後，就在即將撞上的前一秒鐘，準準的停止鳴叫、急忙把飛行路線往右偏，從雌鳥的旁邊擦過去。我確實目擊到在那個時候，雄鳥伸長脖子確認對方的臉。接下來雄鳥就默默的做個翻轉，像是什麼事都不曾發生過一樣，跟雌鳥並肩一起回去。

大家應該也都已經知道了，這隻雄鳥很明顯的，誤把雌鳥當成是入侵者。但由於牠及時發現，所以就裝糊塗打混，假裝沒這回事。

雖然烏鴉的長相很容易被認為既然連烏鴉本人都會弄錯了，人類一定也分不清楚，不過只要仔細看，就會發現牠們各有各的特徵，只要跟自然標記（Natural Marking，傷痕或是斑紋模樣的型態、顏色的變化等，動物自然具備並且可能加以識別的特徵）組合的話，也是有可能可以做到個體識別的（雖然也經常完全辦不到）。在下鴨神社跟我變得感情最好的小嘴烏鴉，α和β這對烏鴉，我應該光看臉就能夠分辨牠們。α是瘦長型的，表情有點嚴肅的雄鳥，在一九九八年左右似乎左翅有脫臼過，是個翅膀經常垂著的「落翅仔」，所以更容易分辨。牠的配偶β的個頭小小的，體型偏圓，總是縮得小小、低著頭走路，是隻可愛的烏鴉。我應該是從一九九五年左右起就注意到這兩隻，但也可能在那之前就已經看過牠們了。自從我一九九六年開始調查以來，到暫時中斷研究烏鴉的二〇〇〇年為止，我一直都有在觀察

小嘴烏鴉的 α 君

牠們，不過很不幸的是，這對烏鴉可能是因為過於弱小，領域面積極為狹小，大約只有三公頃左右而已。再加上也沒有什麼能夠撿拾垃圾的地點，我推測牠們應該經常陷於糧食不足的狀況中。不知道是不是因為這樣，讓我在觀察牠們這麼久的年月中，看到幼鳥離巢的次數只有區區兩次，而且牠們還立刻就消失身影，大概是沒能活到獨立吧。就算這樣也還是相親相愛、每年都築巢的α與β，在二〇〇一年的時候，在這塊調查地中發生了一點小騷動。首先，是因為有小型的夜棲點形成，從那周圍有繁殖個體逃了出來。其結果就是周邊的個體被大幅度的抑制住。那段時間我正在進行別項研究，當我去瞧瞧α和β的現況，看牠們怎麼樣了時，α還在原本的領域之中，不過β卻不在那裡。取而代之的，是一隻個頭大的細瘦雌鳥。不論是從外觀或是體型大小、態度來看，都絕對不會是β（若是β的話，看到我的時候並不會逃走）。原來烏鴉也會離婚嗎？還是β死掉了呢？我想著想著，一直找不到去好好觀察的機會，就這樣過了好幾年。然後，到了二〇〇五年。我再次造訪這裡，α果然還是在原來的場所、左翅依然往下垂著，在牠旁邊的還是那隻很像模特兒般大個頭的雌鳥。果然β不在了啊，我這樣想著正要走出神社的時候，注意到在一之鳥居附近的小河對岸有一隻正在走著的小巧小嘴烏鴉。小小圓圓的，有點縮著脖子一直往我這邊看，完全不怕我的邊覓食邊靠過來。然後，到了離我只剩兩公尺左右時，停下來偏著頭，抬頭看我。

這隻是β沒錯。雖然沒有客觀的證據。

在應該是β的個體後面，有一隻很像年輕雄鳥的個體在對我警戒。從那隻小嘴烏鴉在剛剛看到我時就採取防衛行為來看，這裡應該是那隻個體的領域吧。這樣的話就顯示出，和α分開的β，搬到只離了

小嘴烏鴉的小β

幾百公尺遠的地方，還找到了年輕的雄鳥。牠們的配偶關係到底發生了什麼事，光這樣是完全看不出來的。而最遺憾的就是因為我到東京來了，所以對於 α 和 β 的故事後續，到了現在就完全不知結果。

從學術方面來說，一般認為烏鴉的離婚率很低。這算是很少見的。因為鳥類的婚姻關係多半都不會持續很久。例如家燕幾乎每年都會更換配偶。再說原本就不知道什麼時候會死，到了隔年，相同對象也不一定能夠活著抵達同一個繁殖場所。即使沒有那麼極端，當判斷對方條件只是還過得去的時候（繁殖成績不好，或是巢受外敵攻擊），就會更換對象的鳥類也不在少數。在這種情況下，以烏鴉來說，我看過澳洲的澳洲渡鴉（*Corvus coronoides*）的離婚率是百分之零這種數字。在看過標題之後，那篇報告給我的印象是，雖然觀察期間為幾年，觀察的配對數也不太多，不過跟其他鳥類相較之下的確是很低沒錯。假如 α 和 β 離婚，每年看二十對左右，看上五年、十年的話，可能會看到一對左右的離婚或再婚的例子吧。不過狀況大概也就是如此。我看到的是「大概，會離婚吧」的程度，而黑澤令子的觀察也有過第二隻雌鳥像是自己送上門的老婆一樣，直接進到領域中來的案例報告。雖然不曾聽說過烏鴉有一夫多妻或一妻多夫，但是在營巢地（colony）附近行集體營巢的禿鼻鴉，則很常被發現到偶外配對（一般來說，在鳥類相當多）[2]。而且富有經驗、位階愈高的雄鳥，愈容易被雌鳥接受。雖然像這樣的婚姻關係的深層故事相當有趣，不過在調查的時候需要做個體識別，並有必要做長期觀察。所以像烏鴉這般壽命長又

2審訂注：與配偶以外的成鳥交配，稱為「偶外配對（extra pair copulation）」，也就是外遇，在鳥類世界中是相當普遍的現象。

很難捕獲的鳥類，就非常不容易調查。特別是在被（指導教授等）說三年或是差不多的年限後得不出結果就得拜拜的話，更是誰也不會出手了。

話說回來，我在前面寫過烏鴉的幼鳥在離巢時不會發生什麼富有戲劇性的事。那麼，當牠們的孩子獨立的時候，會發生什麼事呢？

關於巨嘴鴉，實際情況並不清楚。因為牠們是以某天突然消失的例子為多。有些情況則是到了夏天，就會發現有時候在領域裡會看不到幼鳥，然後幼鳥「外宿」的天數逐漸增加，最後就不回家了。

小嘴烏鴉的狀況也差不多。大概都是原本有兩隻幼鳥，才想說其中一隻突然不見了，就又變回兩隻；過了幾天又變成一隻，最後終於沒回來了的這種型態。至少到九月或是十月左右都是這種感覺。不過當獨立的時期拖晚了的時候，親鳥就會生氣。特別是雄性親鳥會很生氣。

根據中村的研究，雖然雄鳥跟雌鳥的反應也有熱度的差別，不過若是幼鳥不會慌亂的話，獨立就有可能很順利。他似乎看過幾次像那種現場般的光景，當雄鳥在追趕已經變大的幼鳥時，幼鳥就會很慌張的躲到雌鳥後面。雖然雌鳥並不會很積極的加入這種打鬥，不過看右邊的雄鳥火冒三丈非常生氣，看左邊的孩子來到旁邊，雌鳥不知究竟該如何是好的左右交互看來看去，看起來極為困惑。不久之後雄鳥飛越雌鳥上方開始攻擊幼鳥，結果就是三隻鳥在那裡飛來飛去繞來繞去，但是雌鳥並不會積極的參與攻擊。若是硬要打比方的話，就很像是頑固老爹在掀桌子大喊「你給我滾出去！」時，在旁邊手足無措的說「唉呀唉呀孩子的爸，你就原諒他吧」一般的昭和年代的媽媽一樣。

出去的時候是這種感覺，不過有時已經離開的孩子好像也會再回來。由於我並沒有做標識沒辦法斷言，不過我有看過長得跟大約一個月前獨立的幼鳥很像的幼鳥，一點也不害怕的在領域內覓食。在這個時候的雄鳥也還是很生氣，雌鳥則相對比較溫柔。然後即使是那隻雄鳥，在跟針對完全陌生的別「人」進行的攻擊相較之下，看起來也像是有稍微控制力道跟程度。

雖說是比雌性親鳥嚴厲，雄鳥也並不是全然對雛鳥沒有興趣。雖然牠不會孵蛋、孵雛，卻還是會一直持續給餌餵食，只有一次，我看到小嘴烏鴉的父親雖然不是孵雛，卻還是守護了雛鳥的例子。那應該是在雛鳥誕生將近兩星期、雌鳥離開巢的時間變長的時期。突然有冰冷的強風吹個不停，還開始啪啦啪啦的下起混有冰雹的雨。由於巢位於落葉樹上，葉子卻還沒長出多少，所以是直接暴露在外面。附近只有雄鳥而已。在那個時候，有點遲疑卻還是到巢邊來的雄鳥張開翅膀站在巢的上方，護住了雛鳥。不過只維持了一、兩分鐘雌鳥就回來，開始孵雛了。

至於夫婦之間的感情，至少小嘴烏鴉的雄鳥針對食物時是

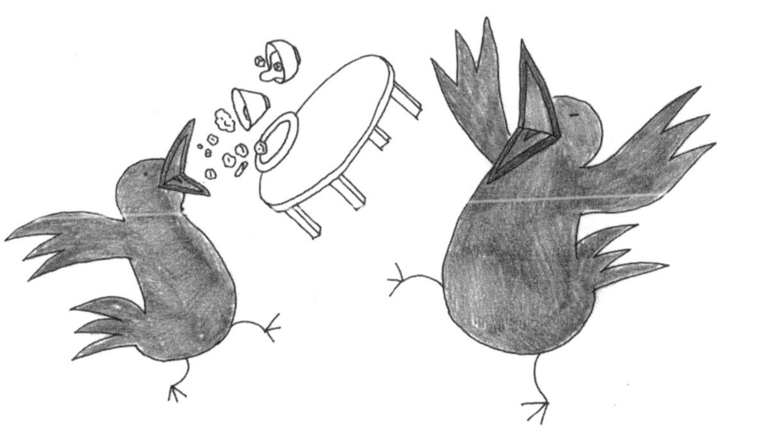

掀桌生氣也是一種愛情的表現。當然，不可以浪費食物。

相當嚴肅的。我有試過放食物在那裡，想看看配對之間的優劣關係是如何，雄鳥卻一來就獨占食物，完全不讓給雌鳥。我又嘗試著放好的食物跟差的食物，把土司麵包跟德國香腸切成每邊五毫米四方，各堆成一堆放著之後，雄鳥先是狼吞虎嚥的吃德國香腸，當雌鳥要過去吃土司麵包時就衝到那邊去也吃一吃，把嘴裡塞滿食物後就迅速的把食物藏到某處去又立刻衝回來，邊啄食剩下的土司麵包邊對雌鳥進行威嚇，幾乎所有的食物都是自己吃掉了。雖然這也會受到繁殖階段或是平常的食物條件影響，光是這個觀察並不能得出答案，不過也實在頗為過分。

另一方面，我也有見過只要被雌鳥索食，就會無法拒絕的小嘴烏鴉雄鳥。有隻雄鳥在找到順著京都的賀茂川漂下來的餅乾盒子之後，叼出幾片餅乾就拿到堤防上面開始吃。由於從巢裡也看得見這個景象，雌鳥就飛出來「我要吃我要吃」的乞求，兩隻一起把剩下的餅乾分著吃掉了。由於雌鳥還繼續叫：「我還要。」雄鳥又再度下到水邊去，這時剛好有隻蒼鷺飛過來，正好就停在那個餅乾盒的旁邊。蒼鷺當然是想要來抓魚，對餅

只要有食物在眼前，就會對周圍的各種事物變得盲目……？

乾一點興趣也沒有。但是對烏鴉來說，那就是一隻必須抬頭仰望的巨大動物杵在美食的旁邊。小嘴烏鴉的雄鳥邊斜眼偷窺蒼鷺，邊橫著走，一點一點的靠近。然後，注意到烏鴉的蒼鷺一副「？」的樣子，把臉轉過去。那一瞬間，烏鴉「蹦！」的橫向跳著逃走。雖然蒼鷺應該也不會攻擊烏鴉，不過在頭頂上有個像長槍一般的喙部朝向自己，果然還是很可怕的樣子（再加上蒼鷺雖然冒冒失失的不了解狀況，卻還是一副不知道在想什麼事情的眼神，於是看著看著有時候就會莫名覺得「啊～啊～」，鳥類的祖先真的是恐龍啊）。當蒼鷺把臉轉回水面時，烏鴉就又慢慢靠過去。蒼鷺又把臉轉過來一副「你從剛剛就在幹什麼？」的時候，烏鴉又驚嚇得往下飛。就這樣一點一點慢慢接近餅乾盒的烏鴉，以極度隨時可以逃命的姿勢，只把脖子伸得長長的，迅速的把餅乾盒抽過來，立刻啪搭啪搭的飛回雌鳥的身邊。然後好像在說「我成功了，我成功了！」般的發出叫聲。接著得意洋洋的叼住餅乾盒，開口朝下的晃動盒子。接下來把喙部插進盒子裡面、把臉貼近去仔細窺視、再把紙盒撕破加以確定。在紙盒裡面沒有剩下半點餅乾。

當然，雌鳥在監視的並不只是雄鳥帶過來的食物而已。孵蛋期的巨嘴鴉是以雌鳥為防衛的主體。雖然有這樣的調查結果，但這大概只是因為雌鳥是在巢裡這種位置很高的監視場所待著不動而已吧。即使是領域比較狹窄，大多在巢的周邊覓食的小嘴烏鴉配對，也經常都是由雌鳥先發現到空中的入侵者。雖然雌鳥有時只會叫叫，有時也會自己飛出去。在這種時候，聽到雌鳥叫聲的雄鳥會突然抬起頭來，同時踢地面，發出拍打飛羽的咻咻聲，全力拍翅膀急速衝往雌鳥那裡去。

其實，真正碰到可怕的敵手時，雌鳥是不是就不對抗了呢？像這樣的觀察也有好幾例。在瑞士的研究例子顯示，小嘴烏鴉的雌鳥對於人類或是貓之類的，大型又危險的對象時會保持距離，這時會接近且進行威嚇的是雄鳥。即使是像畫圓圈那樣從前後夾擊的場合，繞到敵人正面的也多半是雄鳥。確實，在我看到的例子也是，在巢的下方有貓，在那附近有雄鳥在生氣，雌鳥則只是在相當高的地方嘎嘎嘎的叫而已，這種情況經常發生。當對手是巨嘴鴉或是蒼鷹的時候也是如此。至於β則是當巨嘴鴉及α在頭上大大吵架的時候，還持續默默的在地上尋找食物。雖然牠應該是想在產卵前補充營養，不過也好歹叫個一聲吧。根據前述的瑞士研究，在雄鳥面對強敵時，若是雌鳥在後面鳴叫的話，雄鳥比較會努力戰鬥。這篇論文將這種行為稱為「雌鳥的加油行為」。

最後，稍微提一下烏鴉的雌雄。不論是在巨嘴鴉或是小嘴烏鴉，在測量身體的各部位時，會發現雄鳥比較大。所以體型較大的是雄鳥……雖然我很想這樣說，不過有時也會反過來，是由體型小的雄鳥與體型大的雌鳥配對。第一，沒有排在一起就很難比較大小，羽毛的狀態也會改變印象。在行為面上，只要看交配跟孵蛋就會知道，其他的行為則不一定了。只不過在孵蛋、孵雛期間的雌鳥，在腹部會有孵卵斑[3]。雖然孵卵斑從外面是看不見的，不過從胸部到腹部附近的羽毛會變亂，經常可以看到白色的斑點。

雖然這是個人的見解，不過小嘴烏鴉的雄鳥喙部長、眼睛上方的隆起大、飛羽很長、尾下覆羽很平坦很長。以整體來說，雌鳥通常比雄鳥短又圓。此外，雄鳥會很像是在展現牠的脖子一樣的伸長脖子，給人脖子又粗又長的印象。而在巨嘴鴉的場合，反而是讓雄鳥的脖子看起來較短。雖然實際上有可能比較長，可是因為脖子實在很粗，看起來就讓脖子相對看起來短了（雖然可能只是把羽毛豎起來而已，不過據說用手捕捉牠們時也會感覺很粗）。雌鳥的喙部也有很大的隆起、尖端感覺比較鈍，不過在這些部分的個體差異非常大，實在很難說。

無論如何，這些區別都相當的微妙。即使是在烏鴉研究者之中，我也沒有遇過會誇口「一定看得出來」的人。比較謙虛的人，根本還會說「完全分不出來」呢。

3審訂注：鳥類在孵蛋時，腹部的羽毛會脫落，露出皮膚，讓體溫可以直接與蛋接觸，以維持胚胎發育所需的溫度，這個腹部禿塊稱為孵卵斑（brood patch）。

烏鴉的美食

我，熱愛美乃滋

好熱。雖然才六月，但是氣溫已經快要超過三十度了。然後，我在找的烏鴉並沒有在那裡。我在找的是這對小嘴烏鴉中，編號為97A的雄鳥。可是我都已經找了兩小時了，還是完全無法追蹤。沒辦法，只能回去巢的前面等了。要重新來過。

進入糺之森以後，就不再流汗了。吹經樹蔭的風讓我感到很舒服。我才剛想說要是我從一開始就在這裡等就好的時候，97A正好回來了。這隻烏鴉的嘴裡叼著什麼東西，又白又細長。

等一下，你這傢伙。我在這麼炎熱的天氣中跑來跑去，你居然叼著一根冰棒回來想要自己獨享，到底是在打什麼主意？你到底是從哪裡撿來的？也分我一半！

小嘴烏鴉同學一點都沒有察覺我怒氣沖沖的視線，輕輕的停到棕櫚樹的頂端後，先把冰棒暫時放到腳邊，然後用喙部叼起累積在樹葉基部的落葉，將它們移開。咦？不會吧？我充滿懷疑的盯著牠看，牠把冰棒藏到那裡面去、蓋上一片較大的樹葉，再把落葉一片片的蓋在上面仔細的將它埋好，用喙部把表面弄平整之後飛走了。

烏鴉的貯食行為我看過好多次，但我卻沒想到牠們居然會連冰棒都埋藏起來。我沒機會看到烏鴉回來取點心時，發現那只剩下一根冰棒棍時的表情，實在是讓我至今甚感遺憾啊。

烏鴉什麼都吃，是極端的雜食性。雖然牠們其實不吃葉子（鳥類一般不太利用那些得花上很長時間才能消化，而且營養價值低的葉子），但是種子類、果實類、昆蟲、魚、蜥蜴、蛇、青蛙、鳥、哺乳動物，什麼都吃。搜尋屍體來吃也是得意本領之一。

▲生態金字塔的常客

有個稱為生態金字塔的營養階層模式圖。最下面是生產者（在陸地上的話是植物），它的上方是為初級消費者的草食動物，其上的是為二級消費者的肉食動物。若是這樣描繪下去的話，烏鴉是除了生產者以外的所有階段都有稍微參與，而且還扮演了生態系中吃屍體的腐食動物角色。所謂腐食動物，是指生物界中的清道夫。若是在非洲的乾草原，當獅子正在吃獵物的時候，後面會有鬣狗、非洲野犬、黑背胡狼、兀鷲（*Gyps fulvus*）等在等待（不過獅子將打倒的獵物與鬣狗分食，這種例子似乎也不在少數）。雖然能夠只處於營養階層中的某一段的單純生物實際上應該很少，不過像烏鴉這般在哪個階段都能夠插上一腳的生物應該也很罕見。

一般來說，巨嘴鴉是較偏肉食性，小嘴烏鴉則較偏草食性（種子食性）。這是基於一九五九年的池田真次郎的研究。這項辛苦研究是將在農地附近驅除有害鳥獸時所撲殺的烏鴉的胃內含物做詳細調查，不過在看到附件的食物品項表時，會有「這是生物分類表吧」一般的感覺，因為看了就知道牠們會吃各種分類群中的生物（調查這些東西，從碎片還能確定蚯蚓種類的研究者的執著也很驚人）。由於那以後並沒有人再做過這種辛苦的大型調查，所以這個研究就成為引用的標準。只不過在看過幾個研究之後，發現不論在哪種場合，都沒辦法說：「巨嘴鴉是肉食的。」例如在北海道的牧場附近，也有調查結果顯示巨嘴鴉是傾向草食、小嘴烏鴉是傾向肉食。這是由於巨嘴鴉會進入牛舍中吃穀類飼料，小嘴烏鴉在周邊吃昆蟲所致。

小嘴烏鴉也不是討厭吃肉，在找到肉的時候都會很高興的吃肉。小嘴烏鴉的英文是Carrion Crow，Carrion是死肉腐肉的意思。這似乎是來自英國的印象：當高速公路附近有動物被車壓死時，就會有烏鴉來吃。而牠們在日本的居住環境中，則是以種子類或是蚯蚓、昆蟲等的捕食機會較多，所以會有不同的印象。

此外，這兩種都非常喜歡吃果實，也吃很多果實。烏鴉也具有很強的食果動物的印象。不只是人類會吃得很開心的香甜水果，就連櫻花、食茱萸（*Zanthoxylum ailanthoides*）、朴樹、糙葉樹（*Aphananthe aspera*）、樟樹等樹木的果實也很常吃。雖然朴樹的果實很甜很好吃，不過觀賞用櫻花樹的果實一般都非常難吃。食茱萸有腥味又很辣。糙葉樹甜歸甜，卻會在嘴裡留下一點怪味。樟樹在成熟後還滿甜的，但卻有著讓人擔心那是否真的可食的樟腦臭味。不過對鳥來說，這樣就已經是很棒的美食了。

當然，烏鴉運送這些植物種子，就使牠達到種子散布者的功能。由

於烏鴉的體型大、活動範圍也廣，便使牠們能在廣闊範圍中散布大量的種子。實際上，冬天的烏鴉糞可說是樟樹種子的集合體。此外，牠們也吃地錦（爬牆虎）、漆樹、烏桕般比較無趣的乾果類，在不醒目的地方跟多數的植物有共生關係。乾果雖然沒有甜美的果肉，不過在表面上有分泌油脂，當成是給搬運種子的鳥類的報酬。

而像柿子或是枇杷等人類也很喜歡吃的美味果實，牠們當然也不會放過。對栽培果樹的人來說，牠們是很麻煩的對手。此外牠們也很喜歡西瓜跟哈蜜瓜，也超喜歡番茄。在我老家的後面有一片假日農園，小嘴烏鴉一家經常不請自來的就在那裡收穫小番茄。總括來說，只要是甜美多汁的果實類，牠們大概都很喜歡。

另一方面，牠們基本上並不吃蔬菜。特別是會忽視生的蔬菜。只不過小嘴烏鴉會吃小黃瓜。牠們會大大方方的走進田埂中，採下一根小黃瓜後，嘎滋嘎滋嘎滋的把它啄碎，再把碎掉的小黃瓜撿起來吃。巨嘴鴉並不吃小黃瓜，不知道那是因為牠們對食物的喜好不同，還是牠們覺得採小黃瓜來吃實在太麻煩的緣故。小嘴烏鴉在小黃瓜的產季結束之後，有時也會對茄子出手，但是由於茄子既不甜也沒有水分，於是啄一口之後就會把它丟掉。

雖然牠們不太會吃生的馬鈴薯或地瓜類，不過牠們很常吃馬鈴薯燉肉和薯條，也很愛吃烤地瓜。只要是在烹調過後有變軟、變甜或是有油的話，牠們就會吃。穀類也是一樣。小嘴烏鴉偶爾會啄食還在稻穗上的穀粒，但是看起來好像並沒有那麼喜歡。已經煮

好的飯就會吃很多，麵包也是一樣。

以堅果類來說，京都的小嘴烏鴉很常吃橡實，關東以北則是以會吃核桃而為人所知。牠們會用腳踩住橡實，用喙部把殼剝開，一點一點的吃。核桃則是從上空丟下來砸破。此外，牠們也會吃松子。松子常被拿來當下酒的小點心，或是當成中國菜中的材料，相當好吃。巨嘴鴉有時也會採松樹的毬果，把裡面的種子挖出來吃。

動物性的食物則是很常吃昆蟲。我看過巨嘴鴉特地降落到地面上，把搬家中的螞蟻行列從頭吃到尾的景象。我原本認為螞蟻又硬又小又酸，應該會很難吃，可是螞蟻的數量不但數也數不盡，而且就像迴轉壽司那樣從另一頭一直流過來，所以吃一吃也是無所謂的（我以為牠們只會挑容易吃的卵或是幼蟲來吃，不過又好像不是這樣）。蚱蜢或是甲蟲也是只要找到，就會在一瞬間被牠們分屍吃掉，秋天的螳螂及其卵囊更是牠們最喜歡的食物。

牠們也吃蝶或蛾的幼蟲。雖然到了夏末時期，黑緣舟蛾（*Phalera flavescens*）的幼蟲會一起從櫻花樹上下來，想要潛入地裡，不過會很開心的吃這種又大、摸起來應該會很痛的毛蟲的，大概只有灰椋鳥跟烏鴉而已。牠們會用喙部尖端輕輕的叼著毛蟲，很高明的在地面上磨擦，把毛磨掉之後再吃。

牠們也喜歡蟬。不知道小嘴烏鴉是怎麼探測到潛在地裡即將羽化的幼蟲，會挖掘地

面把牠們挖出來吃掉。由於在大清早時還會有剛剛羽化的蟬留著，所以我在夏天的早晨看過有烏鴉走來走去，抬頭看那些一棵棵可能會有蟬待著的樹。

其實在北海道有讚美烏鴉的碑。那是由於在拓荒時代曾有過蝗蟲大發生，當時不知道是打哪裡冒出來的大群烏鴉與灰椋鳥把蝗蟲吃個精光、保護了農地。只不過很遺憾的，就我所知，在日本流傳的讚美烏鴉故事僅此而已。

除此之外，只要動物的大小能夠放進嘴裡，烏鴉就什麼都吃。

雖然小嘴烏鴉是在地面上邊走邊尋找橡實或昆蟲，不過只要看到蚯蚓，就會很高興的吃掉。石垣島的八重山巨嘴鴉也會在林道邊緣撿拾蚯蚓來吃。有時當牠們在吃螳螂時，從螳螂體內會出現鐵線蟲。在這種時候，烏鴉會用腳踩住鐵線蟲，先把螳螂吃掉，接著再想要繼續吃鐵線蟲（由於鐵線蟲又硬又難切斷，似乎非常不容易吃；不過我看過硬是把鐵線蟲摺成三段，再整團吞下去的烏鴉）。

小嘴烏鴉會在走到河川平原尋找水生昆蟲時，順便吃吃泥鰍或鰕虎。我也經常看到牠們吃美國螯蝦。因為如此，牠們也會在水中行走。有一次我看到走在高野川水中的小嘴烏鴉突然跳起舞來，以為發生了什麼事。我認為牠可能在水裡遭遇到什麼事情了，仔細一看，發現正在拚命拍翅膀、總算離了水的烏鴉，腳上居然緊緊握著長達四十公分的鯰魚。那大概是牠在淺灘走著的時候踏到鯰魚了吧。附帶要說的是，這隻烏鴉總共只吃

了一口分量的鯰魚，當牠為了要餵雛鳥吃東西而返巢的途中，飛來一隻黑鳶，把鯰魚搶走了。

據說牠們在海岸也很常吃貝類。有時候也會吃海膽，估算起來大概一天會吃上幾千日圓份的海膽。

當然牠們也吃兩生類、爬蟲類。只不過要襲擊動作敏捷的蜥蜴應該有點難，所以大概也只是在正好有機會的時候才會吃到吧。稍微有點出乎意料的食物是蟾蜍。從烏鴉的胃內含物或是糞便、食繭（將骨頭或種子等的不消化物壓硬再從嘴裡吐出來）中找到蟾蜍骨頭的紀錄有好幾筆。由於蟾蜍的皮膚有毒，會捕食牠們的動物並不多。不知道是烏鴉對牠們的毒有耐受性，還是牠們會避開皮膚不吃，抑或是邊覺得「真難吃！」邊一點一點的吃，詳情目前仍然不太清楚。

此外，牠們也會吃鳥類。雖說如此，由於烏鴉跟猛禽類不同，飛行能力既沒有很強，也不具有一擊就能攫取獵物的爪子，獵物主要是針對蛋和雛鳥。這點也是牠們被愛鳥人所討厭的理由之一，因為牠們只要找到鳥巢，就會到那裡去把蛋給叼出來。有時還會用蠻力破壞巢箱捕食。對雛鳥也是一樣。雖然有時也會捕捉離巢幼鳥或是成鳥，不過從旁觀察時發現，就連搖搖晃晃的麻雀幼鳥都能夠逃過牠們的捕捉，顯然烏鴉的捕食能力沒有很強。我看過幾次牠們攻擊鴿子的場面，每次都是被鴿子逃走以失敗收場。牠們的捕食方法是突然飛到獵物的背上想要壓住對方，可是這時候跟用利爪刺進獵物體內把獵物

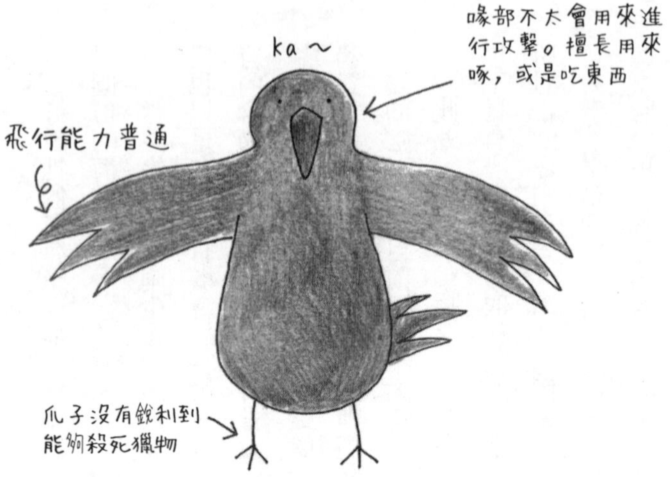
ka～
喙部不太會用來進行攻擊。擅長用來啄，或是吃東西
飛行能力普通
爪子沒有銳利到能夠殺死獵物

殺死的猛禽不同，只要鴿子用力掙扎，烏鴉就會被甩下來。我只有目擊過一次成功捕食的畫面，是直到烏鴉腳下那隻鴿子死亡為止，牠都一直不停的啄鴿子的脖子，最後咬住鴿子的頭，把頭扯下來丟掉。這種「由於不具備有效武器，就讓場面看起來很慘烈」的景象，又讓烏鴉的評價更加往下滑落了吧。以烏鴉來說，這是一頓很棒的大餐……（話說回來，看起來的確是很淒慘。我學弟說有一次當他發現上方有羽毛啪啦啪啦的飄落下來時，停下腳步的下一個瞬間，眼前掉下一顆血淋淋的鴿子頭，簡直就把他給嚇壞了。那次好像是烏鴉在大樓上面吃鴿子）。

哺乳類也是只要能吃得到的話就會吃。雖然以烏鴉的體型大小和能力來說，吃得到的種類並不多，不過我有看過牠們叼著老鼠飛行，也看過牠們叼著很像鼴鼠的東西。據說東京的鬧街在過年時不收垃圾，於是牠們就會捕捉老鼠。我也曾在石垣島剛採收完的甘蔗田中，看到八重山巨嘴鴉群在集體追趕老鼠的景象（雖然應該是沒抓到）。牠們有時也會襲擊無法保護自己的小貓等。也就是說，只要是以烏鴉的戰鬥能力能夠獲勝的對手，就什麼都吃。以生物來說，這種戰略是一點也沒錯，只可惜戰鬥力很低，需要花很久的時間才能殺死獵物，或是怎麼看都是在欺負弱小，以至於牠們被貼上「殘忍」、「卑鄙」的標籤。話說回來，把完全沒有反擊能力的小青蟲砸到路上吃的多數小鳥之所以沒被說是殘忍或卑鄙，一方面可能也是由於「沒有人同情青蟲」吧。

大概能想得到的東西都會吃的烏鴉，讓人印象最深刻的還是牠們翻揀垃圾的行為吧。這跟烏鴉是腐食者有關。

只要看到倒在路上的牛羚或是其他動物的屍體，禿鷲等就會接二連三的聚集過來。其他人吃剩的食物、掉落的屍體會被扮演大自然清道夫角色的腐食者清理掉，所以自然界中是沒有垃圾的。像我從學生時代就是個大飯桶，也不挑食，每次有聚餐時，最後剩下的料理都會全部端到我前面來。這也是一種清道夫啊。

在烏鴉之中，生活史特化得最接近腐食者的，是渡鴉。雖然渡鴉是世界最大的烏鴉，分布從歐亞大陸到北美，但是牠們的分布其實跟狼的潛在性分布幾乎是一致的。此外，在北美隨著狼的分布範圍縮小，渡鴉的分布也有縮小的傾向，據說在那之後，當某些地區的郊狼增加，渡鴉就跟著回來了。換句話說，渡鴉的棲位可能是特化成為清理掠食者吃剩殘骸的鳥類。

我在知床半島觀察的渡鴉，會出現在有北海道鹿屍體的地方。在那些場所會有多數的巨嘴鴉跟幾隻虎頭海鵰、白尾海鵰，有時還會有渡鴉出現。雖然自然死亡的北海道鹿並不是被狼捕捉到的，不過這對烏鴉來說應該沒什麼差別吧（當然有狼幫忙把肉切開會比較容易吃，但是只要等久一點，就總是會有老鷹或是狐狸來幫忙把肉撕開）。自然界中的烏鴉是不會放過任何屍體的。

在這裡也一併介紹幾個烏鴉不為人知，卻很活躍的「清道夫」例子。周末的大清早，有時會在鬧街或車站前看見有人因為喝太多而嘔吐的痕跡。可是縱然有嘔吐的痕跡，卻沒有嘔吐物。像這樣的例子，你有沒有看過呢？那就是在人類打掃之前，就已經被烏鴉吃掉的結果。那對烏鴉來說似乎是一頓大餐，會有好幾隻烏鴉聚集在一起。當烏鴉離開之後，所有的固體都已經被清理乾淨，只要沖個水就好了。所以對於曾經有過酒醉嘔吐經驗的人來說，烏鴉是必須感謝的對象。

▲就算沒有別的也要有美乃滋。

話說回來，烏鴉最喜歡的食物是什麼呢？

雖然種類應該有很多，不過美乃滋的排名應該在相當前面。每當烏鴉在垃圾場中看見軟管裝美乃滋的時候，就會非常高興的叼著飛走，花費很大的力氣把那個厚厚的塑膠瓶給啄開。然後，把喙部伸進那個洞裡面，一點一點地舔很久很久。在大學裡看到的巨嘴鴉會把美乃滋藏在空調的室外機下面儲存。到底是有多愛美乃滋啊！

牠們也熱愛垃圾食物。最喜歡的是薯條和炸雞塊。從渡鴉喜歡大型獸類屍體的脂肪，也喜歡像野漆（*Toxicodendron succedaneum*）般富含蠟（植物性油脂）的種子來看，牠們應該是尋找熱量高的油脂或脂肪來吃的吧。由於美乃滋也是由蛋、油、醋做成的，的確也算是含油的食物。

在京都有個名為伏見稻荷大社的著名神社。伏見稻荷大社有非常多鳥居，一路排到山上。在昏暗的參拜道上點著蠟燭，與其說是幽玄，還不如說是有點嚇人的場所。這裡曾經發生過烏鴉把點著火的蠟燭叼走並放在屋頂上，差點造成火災的事件。對此進行調查的樋口廣芳等人最後下的結論是，烏鴉大概把蠟燭當成食物了。因為和蠟燭的原料，是野漆果實的油脂。

在千葉縣曾經發生過幼稚園洗手台上的肥皂不見，結果犯人是烏鴉的事件。根據確認這個案例的樋口、森下等人的調查，牠們似乎也是把肥皂視為食物帶走了。在這個研究中是把無線電發報器藏在肥皂中，再把被烏鴉帶走，埋到落葉下面的肥皂回收。可是肥皂上雖然有牠們抓過的痕跡，卻沒什麼吃過的樣子。根據在其他場所觀察到的偷肥皂例子，牠們會先用喙部前端嘎啦嘎拉的啄，再「噗嚕噗嚕噗嚕」的搖頭把肥皂拍掉。應該是「明明看起來很可口，嘗起來卻很難吃，

▲薯條沒有點過比 L 尺寸小的。

可是就是停不下來」的狀況吧。

我在這裡寫了好幾次「把食物藏起來」、「把食物埋起來」。在鳥類之中，有些物種只要食物量很多，就會把食物藏起來，這種行為稱為貯食。烏鴉類是會貯食的代表性鳥類。其他還有山雀類及一部分的猛禽、橡實啄木鳥（*Melanerpes formicivorus*）等。在烏鴉類的貯食之中，最有名的是北美的藍頭松鴉（*Gymnorhinus cyanocephalus*），有種說法說牠們為了過冬而儲存的橡實數目可以多達九千個。雖然其中也有還沒被吃就已經發芽了，但是能夠記得幾千個的隱藏場所，也是件非常了不起的事。假如我也能夠有那麼多的空間記憶力的話，一定可以節省許多在自己的書桌上找書或是文件的時間。

雖然巨嘴鴉跟小嘴烏鴉並不會那麼堅持要貯食，不過把找到的食物藏起來的這種行為，倒是很平常的在進行。隱藏的場所包括在落葉下面、土裡面、樹洞裡面、岩石下面等。

小嘴烏鴉隱藏食物的方法比較熱心而且靈巧。大多數是在落葉的下面，操作的步驟如下。首先，把叼來的（或是暫存在喉嚨裡帶過來的）食物吐到地面上。然後用喙部把落葉一片片的叼到旁邊、挖洞。若是落葉很淺的話，就會挖土掘洞。等到判斷深度夠了之後，就會把食物放進裡面。然後把較大的葉片，或是像紙片的東西蓋在食物的上面。雖然是個不可思議的行為，但是京都的小嘴烏鴉們全都會做這樣的事（由於我沒有仔細觀察過其他地方的烏鴉，所以不知道別的地方的烏鴉會不會這樣）。接下來還會把原本叼到旁邊的落葉蓋回去，變成原來的樣子。可是這樣一來，埋東西的地方就會隆起，於是再用喙部咚咚咚的啄地面把它壓下去。然後用喙部整地，讓它變得看不出來。結束作業後，還會往後退個兩、三步，確認自己的工作做得好不好，假如覺得還不太夠的話，還會再加點落葉重新整地。在烏鴉離開之後跟過去看，是真的完全看不出牠們到底把食物埋在哪裡，手法真是了不起。牠們也曾把拔起來的草給種回原處，不過我認為這應該是偶然。

巨嘴鴉就比較散漫，通常是隨便啪啪啪的把落葉蓋上去，或是推到陰影處為多。有時會把食物藏在大樓的屋頂上，其實也只是很單純的放在那裡而已。假如在屋頂上看到奇妙的物體時，就很有可能是烏鴉帶過去的。

只不過巨嘴鴉對他人的視線非常敏感，若是被其他個體或是人類看到貯存食物的現場時，就會立刻叼著食物飛走，改變隱藏的場所。看起來好像是烏鴉們會彼此互偷儲存的食物。雖然人類並不會去偷牠們的食物，可是總而言之，牠們就是很不喜歡被看見。對渡鴉也有類似的研究，在有其他個體看著的條件之下，牠們會頻繁的重新掩埋貯存的食物，讓人家不知道食物究竟藏在哪裡。我在京都的同個場所觀察兩種烏鴉的行為，不過在印象中，小嘴烏鴉應該沒有那麼神經質。

我覺得像這種「不能被別人看見」的習性，在非繁殖群中可能會很發達。因為假如是領域的話，其他人應該不會進入才對。在觀察鬧街上翻揀垃圾的巨嘴鴉群時，會看到把食物塞滿喉嚨（有個可以儲存食物的空間稱為舌下囊）的烏鴉會時不時的暫時飛到大樓的頂上等。牠們有可能是在那裡才能夠定下心來吃，不過也有可能是偷偷的把食物給隱藏起來。如果是遇到一次吃不完的大型食物，而且又常成群活動的種類，也許就會因此而變得很在意他人的目光。

話說回來，就算具有領域，食物還是有可能會被偷。前述的α君很難得的叼了一整團義大利麵來，

把食物暫存在喉嚨裡，很在意人類目光的巨嘴鴉。

藏到樹洞裡（這個時候，牠也還是姑且在上面蓋了落葉）。當α才剛離開不到一分鐘，β就飛過來把義大利麵給全部吃掉了。牠一定是躲在哪裡偷看。這就像是藏在西裝內袋裡的私房錢被太太給抽走了一樣。

實際上，都會的巨嘴鴉的飲食生活可以說是全靠垃圾以及貯食來維持的。當我還是學生的時候，我曾經借用京都大學物理系館的屋頂上，花了三天的時間從離地二十公尺的高度觀察過巨嘴鴉。雖然我其實想要繼續觀察更久，但是在拜託管理設施的承辦人時，他以「就連物理系的學生都不能自由使用了，何況是讓別系的學生出入，這樣會很麻煩」這種莫名其妙的理由限制了我的日數。

無論如何，在那三天之間我就睡在研究室裡，從天還沒亮前持續觀察到天黑之後，一天之內就能夠獲得差不多記滿一本野外筆記般的資訊。因為這跟在地面上追著烏鴉跑的時候不同，就連烏鴉的移動、停在電線杆或是屋頂上時的行為、和鄰近領域個體之間的行為也都能夠看得很清楚。再加上託了京都的街道設計是條理制度之福，道路是筆直的，站在屋頂上的話，連遠方的道路都能夠看得很清楚，要是有食物的話就是一目了然。往下看時緩慢移動的行人看起來非常小。那就是二十公尺，對烏鴉來說是很普通的高度。看啊，人類就像是垃圾一樣。讓我實際體會到烏鴉在睥睨地面上時就是這種心情。

在那個時候，我是從烏鴉睡醒前就已經等著要觀察，所以是在天還沒亮的時候就爬上屋頂，吃著我從便利商店買來的早餐，拿出飲料在等烏鴉。等到烏鴉開始飛出來時，就用雙筒望遠鏡及單筒望遠鏡追蹤牠們的行為與活動。

烏鴉一大早時會去的場所，是東大路上的串燒居酒屋。那是座位很多、舉辦迎新等活動時會去造訪的店。在店的後門有個沒有蓋子的大型垃圾桶（在那之後有了改善）。烏鴉在這裡翻揀看起來可以吃的東西，之後到附近的大樓頂上，努力的把食物藏到像是迷宮般的水管空間之中。過了不久，也會來我正在進行觀察的校舍，把什麼東西藏到空調的戶外機下面。過去確認後，發現那是還有肉的帶骨德國香腸。那是我為了CP值不佳而不曾點過的食物。看了以後讓我好羨慕。

在巡過全部的居酒屋之後，接下來是到大學後門的小料理店去，把垃圾袋咬破尋找食物。用單筒望遠鏡看的時候，會看到牠們很迅速地把濕紙巾和免洗筷子給丟掉，在拉扯一個看起來像是淡褐色的塊狀物體。也有看到紅色的東西。再仔細看了一陣之後，我判斷那是馬鈴薯燉肉。紅色的應該是紅蘿蔔，卡在喙部上面的應該是蒟蒻絲吧。討厭，我肚子餓了。接著拉扯出來的是帶點黃色的薄薄、膜狀的物體。雖然看起來像是墨西哥捲餅皮，不過很難想像老闆娘在小料理店中會把「烤過的墨西哥捲餅皮」等端出來說：「請用。」再怎麼樣，也應該不會是這樣的吧。平平扁扁有皺褶，看起來非常薄……我知道了，那是新鮮的濕腐皮。從一大早就享用京都料理，左京區的烏鴉還真是很大器呢。

我突然看向放在旁邊，自己準備要吃的早餐。我直接面對了那是九十日圓左右的菠蘿麵包和寶特瓶（裡面裝的是從洗手台裝來的自來水）的事實。那是讓我看著烏鴉，感到這個世界真是沒有道理的一瞬間。

等到烏鴉把居酒屋、大阪燒店、咖啡廳、茶店等活動範圍內的餐廳統統巡過一輪，把能吃的東西到處藏完之後，差不多就是早晨七點鐘。到了這個時間，就能夠聽見從住家傳來的電視聲，家庭垃圾也會被拿到外面，於是牠們就會去檢查垃圾收集場。雖然在此之前，牠們也會去翻揀公寓的垃圾，不過那應該是前一天晚上就被拿到外面來的吧。

這樣，巨嘴鴉的覓食時間差不多就結束了。雖然在那之後，牠們也會在大學校園裡面揀拾垃圾，或是從墓地把祭拜用的甜饅頭叼回來，不過基本上牠們會開始吃自己在早上藏起來的食物，或是餵雛鳥吃東西。在一九九八年五月八日、我對某一對巨嘴鴉做了總計十四小時的觀察，在這段時間內確認到牠們獲得食物的次數是五十三次。其中的四十次是在垃圾被收集完的上午十點以前。此外，在從屋頂上觀察這對烏鴉的三天之中，我確認到的「天然」食物只有一點點爬牆虎的果實，以及一個松毬，再加上野鴿的屍體（只不過這也是貯存的食物）而已。雖然牠們可能也有吃掉一些像昆蟲般的小食物，不過要是牠們很熱心的在抓蟲吃的話，我應該會注意到才對。所以我應該可以說對烏鴉來說，最重要的是垃圾。

當然，若是在果樹大量結實的季節，結果應該會完全不同。不過都市地區巨嘴鴉的主要食物，應該還是集中在早上出現。要讓這樣「一整天的食物分布的偏頗」消失的方法，就是貯存食物。換句話說，這就是烏鴉的儲蓄，而一大早的時間帶就相當於發薪日。

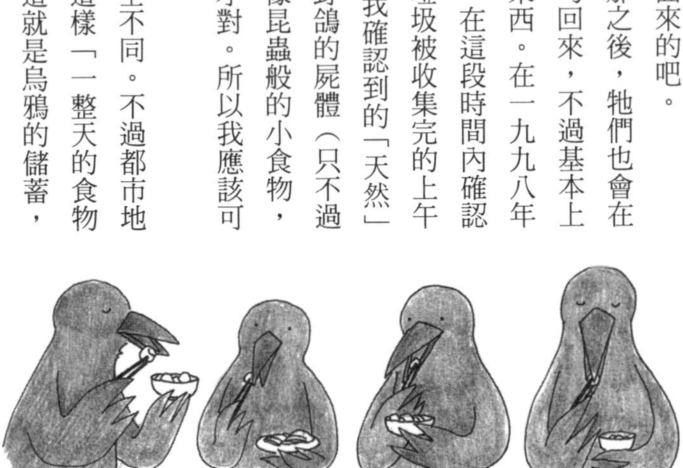

▲身為日本人真好……！京都料理真是美味啊。

烏鴉的呢喃 1

輸給烏鴉了

我在本文之中寫了當我自己吃著九十圓的菠蘿麵包時，眼前的烏鴉卻吃著帶骨德國香腸還有新鮮腐皮等等，不過差距更大的是在東京做調查的時候。我是在搭夜行巴士抵達之後，用罐裝咖啡提神努力跑來跑去，烏鴉卻是在燒肉店前面（的垃圾袋）吃帶骨牛小排、在居酒屋（的垃圾袋）吃滷牛筋、在拉麵店（的垃圾袋）啄食煮湯頭用的豬骨、在專門店（的垃圾袋）吃至少得花上一千五百日圓左右定食裡的炸豬排、在銀座搶食看起來就很高級的義大利小餐館出的義大利麵（你們是魯邦和次元[1]嗎）、在割烹（高級日本料理店）前面啄食看起來很像嘉鱲魚的魚骨、最後還把喙部伸進看起來很時尚的蛋糕店的鮮奶油中吃，大概就像這個樣子。我在仔細觀察、記錄過這些並記在記事本之後，是站在立食蕎麥麵的賣票機前面，煩惱我應該要點天婦羅麵還是山藥泥生鮪魚麵。

我可以如此斷言。烏鴉確實比烏鴉研究者吃得好。我贏烏鴉的，大概只有在新宿車站東口地下街的平價立飲店「Berg」喝的三寶樂全麥啤酒 Edelpils 而已吧。

在河岸邊調查鴴科鳥類的時候有更慘的遭遇。我從前一天起就一直連續在做調查，在沙洲的帳篷裡打盹，準備在天亮前再調查的時候，看到來沙洲的小嘴烏鴉一家正在吃著什麼東西。那個東西顯然極為可口，因為孩子們跳來跳去一直在搶那樣東西。那到底是什麼呢？好像是淺咖啡色、很容易撕開的東西。可以看見一粒粒黑色的物體。簡直就像是加了巧克力碎片的麵包一樣。

於是我想起來。在我幫自己準備的食物袋裡面，有一袋加了巧克力碎片的甜麵包，我把裝了食物的行李放在沙洲上面，而原本應該要在那裡看行李的搭檔卻追著鴿移動，不在該在的地方。

唉，隨便啦，既然你們吃得那麼開心的話。我一點也不遺憾。可是啊……你們可以是在有便利商店的地方再來偷我的東西嗎？這裡離最近的商店也至少有兩公里耶。我只剩下一小盒備用的營養口糧Calorie Mate而已，而且我的調查還得持續做到傍晚呢。

▲天真無邪的聚集在巧克力碎片麵包旁的烏鴉寶寶們。

1 譯注：卡通動畫魯邦三世中的主角和他的同夥。

第二章

烏鴉與食物及博物學

烏鴉的覓食行為

獲得食物的各種手段方法

京都，出町柳車站前。從西北方流過來的賀茂川與從東北方流過來的高野川匯流成為鴨川。在那個匯流點的三角形地區，被京大生稱為「鴨川三角洲」。這裡是學生的迎新活動、賞花景點和開趴的場所。對當時還在讀研究所的我來說，則是幾乎每天都會造訪的烏鴉調查地。

在這個三角洲的西側，面賀茂川的地方有個用鐵絲網做成的垃圾桶。它的形狀是個大水桶造型。有一天，有一隻小嘴烏鴉在那裡面發現了煎餅。不知道小嘴烏鴉究竟是怎麼弄的，從鐵絲網的空隙裡把煎餅拖出來，叼在嘴裡正往水邊走的時候，突然停了下來。啪搭啪搭的走回去之後，把煎餅放下來，從垃圾桶裡又再拖出一片煎餅。然後把新的煎餅疊在剛剛那片煎餅上，而且還是用非常認真的態度用喙部前端啄這兩片疊在一起的煎餅、調整位置，讓煎餅完完全全的疊在一起。然後一口氣把兩片煎餅叼起來，嘿喲的抬頭挺胸走向水邊。因為要是不挺胸往上看的話，煎餅就會從喙部滑落下來。

抵達水邊的烏鴉，先暫時把煎餅放在腳邊，看了眼前賀茂川的流水之後，立刻就把煎餅放到水中。然後當煎餅半浮起來開始往下漂的時候，就追著它走把頭伸出去看，再把它拉回來。經由這一個小動作，原本脆脆的煎餅就因為吸了水而變成軟趴趴的，很容易就能夠撕開了。

這個連續動作是非常令人驚訝的技巧，不過烏鴉確實會展現各種各樣的覓食行為。至少小嘴烏鴉是如此（不過若是嚴謹一點的話，尋找食物的行為稱為覓食行為，把找到的食物放進口中的行為應該要稱為進食行為，但在這裡就統稱為覓食行為）。

和巨嘴鴉不同，小嘴烏鴉喜歡的是像草地、農耕地或是河岸邊般的開闊場所。至於說到牠們在這些

場所做些什麼，大概就是邊搖擺屁股邊走來走去，啄啄這邊、啄啄那邊、窺視那裡、翻動這裡，以這種狀態來尋找食物。總之就是老老實實的走遍各地，專心一意的尋找。就像是勤奮的到處問案的資深刑警一般、像不會看漏任何細節的熟練鑑識人員一般。雖然「到處探索」行為是稱為probing（探測、探求），但這又包含了用喙部翻揀搜尋、把喙部插進去打開、把覆蓋在上面的東西推開、把東西翻面等很多種多樣。這是因為昆蟲有時會潛藏在草間，在落葉下面會有種子或昆蟲和蚯蚓，把石頭翻過來之後那下面可能會有什麼東西所致。小嘴烏鴉的基本行為準則是「也許有可能」。

另一方面，巨嘴鴉在地面上的時間非常短。以我在京都調查的繁殖個體為例，相對於小嘴烏鴉在地面上的時間占了觀察時間的百分之四十，巨嘴鴉卻只有百分之十左右而已。粗略計算當時的數據，小嘴烏鴉降落到地面上的頻率是巨嘴鴉的兩倍，單次的地面停留時間也大約是兩倍，合計的結果，在地面上停留的時間就變成四倍。非繁殖個體也大概具有同樣的傾向。

此外，計算牠們在這個期間走動的步數，也發現小嘴烏鴉走得更多。也就是說，相對於小嘴烏鴉會長時間停留在地面上，用各種不同的手段尋找地面上的食物，巨嘴鴉好像就很討厭地面。為什麼巨嘴鴉會在地面上尋找食物，卻不願意在地面上待久一點？大家也許會這麼想。但是在看牠們活動時，就會發現牠們站在地面上的時間真的並不久。牠們會在一、兩分鐘之後就立刻退到護軌（guard rail）、圍牆、腳踏車上、堆疊起來的箱子上、行道樹，以及和電線等高的地方去。在那裡向周圍左看右看，再到地面上來吃東西。牠們應該是覺得停留在地面上的話會有什麼壞事發生吧。

也許在巨嘴鴉的演化上曾經是這樣。在地面上有許多天敵，隨便降落到地面上的話會很危險，所以要降落到地面上的時候就非常小心謹慎，而且當牠們在地面上待了一陣之後就會感覺不安而立刻逃走。有些研究觀察到渡鴉在想要偷走狼吃剩的食物而靠近時，結果卻被狼攻擊，考量到這個，就會覺得這並不是不可能的事。

話說回來，巨嘴鴉是在這麼短的地面停留時間中覓食。只不過牠們不像小嘴烏鴉那樣走來走去的尋找，而是一開始就降落到牠知道有食物的場所。也就是從上方看、發現食物，然後一降落到地面上就立刻把食物叼起來，飛起來帶走。實際上，在記錄牠們從降落到地面上起，到找到最初的食物為止所走的步數之後，發現巨嘴鴉是最短一步，最長大概也只有十步左右，就會抵達食物所在地。而且那也只是因為對於直接靠近食物有點躊躇而採取迂迴路線、增加步數而已，以距離來說大多只有兩、三步而已的為多。

◀就算只是在稍微高一點的地方也會安心很多。

而另一方面，小嘴烏鴉找到食物的步數則是從走幾步到幾百步都有。因為若是沒有自己走來走去尋找的話，就完全不知道食物到底在哪裡。

小嘴烏鴉那種名副其實「把地面整個翻過來」的技術，在農耕地或是河岸邊成為很大的武器。因為若是不介意食物只有小小塊的話，只要仔細尋找，一定能夠找到。只不過要學到這種工匠般的技術是得花時間的。特別是在河川翻石頭這種被稱為「turning」的技術似乎難度非常高，幼鳥在剛離巢時完全辦不到。過了一陣子就會知道「只要著眼在石頭上就好」，然後去動一動看上的石頭，但仍然無法「把石頭翻過來」。等到知道怎麼把石頭翻過來之後，還是離「高效率的把石頭翻面」很遠。親鳥是把喙部插進石頭的下面，運用槓桿原理那樣把石頭的一端頂起來，在這個時候像是在測量石頭的重量或是平衡般的，雙腳快速移動調整位置。再用喙部前端把石頭舉到九十度，然後咚的一聲，輕輕地推動石頭，等到傾斜度超過九十度時，石頭就會滾動，自己翻面。這不必使用體力，也不必擔心會受傷，可以說是非常好的做法。

可是剛離巢的幼鳥卻無法辦到。牠們會叼著石頭想要把它翻過來，但是石頭很滑拿不起來。才剛拿起來，卻又因為石頭太重而把自己拉倒。即使沒有倒下去，想要叼著大塊的石頭把脖子轉九十度以上，還要把石頭安全的放到地面上，是極為困難的任務。大概都是在進行途中，石頭就掉下去了，然後就嘎嘎的叫著吵個不停。雖然我沒有正確的記錄下來，不過單憑印象來看的話，在夏天左右「通常」就會學會翻石技巧，到了秋天基本上可以完成。這是需要好幾個月才能完全學會的技巧。

成年小嘴烏鴉在翻石頭後的掃視能力也是不可小看的。把石頭翻過來，首先，先仔細看那塊石頭在

水中原本的所在位置。曾經在河裡玩過的朋友應該能夠了解，只要翻動岸邊的石頭，原本躲藏在那裡的泥鰍或是鰕虎就會扭來扭去。所以先看看進行確認，然後再仔細盯著翻過來的石頭表面。因為那裡可能會有蜉蝣或是石蠅的幼蟲（由於牠們的動作很慢，所以晚一點看也行）。經過嘗試錯誤來記得這些行為，應該需要相當久的時間。

說到小嘴烏鴉極具「特徵」的行為，應該是敲破核桃吧。最基本的方法，是從空中把核桃丟下來砸破。這是只要有核桃的地區都可以看到的行為。雖然關西的核桃少，我沒有看過，但是東京的話，在多摩川中游的河岸邊就看得見。牠們會撿拾漂流到河岸的核桃往上飛，再從上空往下丟。而且不是只有往下丟而已，還會先輕輕地把核桃往上方拋，再多賺點高度才讓核桃掉下去。然後，追著掉落的核桃急速下降。若是核桃順利破掉的話就撿起來吃，要是沒有破，只是彈起來的話就撿起來再丟一回。不過無論如何，都得要追著核桃跑，否則就會找不到核桃的去向。巧妙的是，牠們一定是在有很多石頭的河岸做這件事，不會把核桃丟到草地上。

我在海岸邊看過烏鴉不是丟核桃，而是丟貝類的行為。短嘴鴉丟貝類的高度和「要砸破那個貝類的最低限度必要高度」大概一致，分析的結果認為這應該是在節省飛行消耗的能量。日本的小嘴烏鴉也會做同樣的事，不知道是不是因為類似的貝類有好幾種的緣故，所以牠們經常會因為沒有砸破而重飛好幾次，或是反而飛到比必要高度還要高的高空，沒有做到完全的節約能量。

此外，也有研究者發現了會利用汽車幫忙壓破核桃的小嘴烏鴉。那個行為是把核桃放在汽車會經過的馬路上，等汽車把核桃壓破之後再去撿來吃。

最初發現這種行為是在位於仙台的東北大學校園內，不過最近在駕訓班的汽車教練場也看得見了。可能是烏鴉在這附近的高空丟核桃想要砸破，但是教練場的教官正好開車壓過沒有砸破的核桃，讓烏鴉學會這件事的吧。

其實不只是在仙台可以看到這種行為，光是我聽說過的觀察例子在岩手縣、秋田縣、長野縣等地都有。大多是在校園內或是十字路口這類不減速慢行就不行的場所，對烏鴉來說也是安全的狀況。只不過我有一次實際看到，在國道的交流道上，車子以在高速公路上飆車般的速度直衝過來。小嘴烏鴉在這裡到最後一秒鐘才決定核桃的位置，在最後千鈞一髮之際才「咻」的逃到步道上躲過汽車。真是非常危險。而且被壓破的核桃隨著「乓！」的一聲碎成片片，烏鴉還得把已經粉碎的核桃碎片給一個個撿回來才行。才撿一下就又有車子衝過來，烏鴉又再驚險萬分的逃到中央分隔島上。利用汽車的好處，跟遇到事故死掉的缺點，到底是哪個比重比較大，我實在不清楚。

根據在仙台市研究這種行為的足立泰啟先生的說法，這種行為的難度太高，在離巢幼鳥之中大概只會有一隻能夠學到。換句話說，這是一子單傳的技法。雖然如此，根據他的研究試算，等待車輛通過的成本，以及自己被車子壓死的成本等等加總起來，這並沒有比很平常的從空中把核桃往下丟的方法好。在紅燈時把核桃放到停車中的汽車輪胎前，車子經過但沒壓到核桃

時，還要一點一點的修正放核桃的位置等，邊使用這種高明的技巧，但是卻沒有特別有益，這只能說做這件事是牠們的興趣而不是出於需要吧。

相較於此，巨嘴鴉的方法就是使用蠻力。找到便當就用喙部咚咚咚的去啄。發現魚頭也用喙部咚咚的去啄。看到核桃還是用喙部咚咚咚的去啄（但是由於一般是啄不破的，所以馬上會放棄）。總而言之，看到介意的東西就是用喙部（以下省略）。牠們的覓食策略是「撿起來」、「扯破撕開」、「拿不出來的話就用喙部去敲擊」。原本在尋找食物的階段，牠們就幾乎不會把落葉撥開來看下面有什麼東西了。我曾經做過實驗，相對於小嘴烏鴉在看到「可疑的落葉」就會立刻把落葉撥開尋找食物，巨嘴鴉卻不會這樣做。感覺起來是牠們只有在確實看見食物、確認食物的存在時，才會採取覓食行為。

但是另一方面，牠們探知可能有食物的地點，並且前來偵查的能力倒是很強。在做實驗需要引誘烏鴉來時，最有效果的方法，是我在草地上吃東西給牠們看。結果這變成了正式的實驗流程，不過我有一次忘記帶麵包，就用自動販賣機的罐裝咖啡來代替，可是烏鴉完全不予理會。只有一次的話還可能是偶然，可是在試到第三次時，就會認為牠們「似乎能夠分辨食物和飲料」。牠們比忘記帶實驗必要裝備三次的我還要小心謹慎。

不知道是不是牠們傾向以定點方式尋找覓食場所，巨嘴鴉就算覓食場所稍微有點遠也不介意。我在京都觀察的幾隻巨嘴鴉是在下鴨神社營巢，再從那裡飛越高野川或賀茂川到京都市內去覓食。雖然河岸邊對小嘴烏鴉來說是餐廳，但是那對不會把草撥開、把石頭翻面，基本上很討厭降落到地面上的巨嘴鴉來說，是毫無用處的場所。所以那種地方就送給小嘴烏鴉去用，自己則飛越上空到河對岸的公寓去翻揀垃圾。這樣的配對在河川上空完全不會採取防衛行為，在過了河之後才會開始防衛領域。在這種奇怪的例子中，我只能說牠們的領域是以河來分成兩個。

另外，烏鴉也有可能做大規模的移動。我曾經在觀察中看到巨嘴鴉夫妻突然就飛到很高的上空，然後飛越三公里外的山，就這樣飛走了。而且在牠們的巢裡明明就有雛鳥喔。這對烏鴉大約一個小時後若無其事地回來，繼續展現常見的行為。據說從烏鴉的翅膀面積和體重來計算，牠們的經濟飛行速度是時速三十公里左右，一個小時的話，可以到十五公里以外來回一趟。即使在那邊花了一點時間做別的事，從我進行觀察的京大校園，也足以移動到琵琶湖去了。雖然繁殖中的烏鴉的行為基本是在領域內，不過巨嘴鴉又特別會經常這樣到遠處覓食。牠們可能是根據從前的經驗，知道哪裡有好的覓食場所，不過很遺憾的，到目前仍然沒有充分的研究。

像這樣又廣又淺的巡邏尋找策略，可能符合巨嘴鴉「不為了敲破堅硬的食物而做額外努力」的特徵。反正總是要飛來飛去的，堅持尋找那種不知道敲不敲得破、打不打得開的食物，在一個地方浪費時間，還不如去找下一個容易吃的食物……這也許就是巨嘴鴉的策略。何況一般來說巨嘴鴉比小嘴烏鴉占優勢。換句話說，只要找到食物，就算有小嘴烏鴉在場，巨嘴鴉也還是會把食物占為己有。

這種寫法，好像會讓巨嘴鴉看起來很粗暴而且不中用，不過牠們並不是在所有事情上都是這樣。在吃果實的時候，是巨嘴鴉比較厲害。而且這不是指大型的果實，是指櫻桃或朴樹等只有小指指尖那麼大的果實。調查發現，巨嘴鴉平均每分鐘吃下去的個數比小嘴烏鴉多。而且在吃的時候完全不會有東西掉下來。縱使牠們的喙部那麼粗大，還是非常靈巧。

雖然這好像不是只有喙部，還跟舌頭的構造有關係。當巨嘴鴉用喙部尖端啣住果實的時候，能夠咻的一聲直接把果實吸入口中，還能夠像在變魔術一樣，讓果實在口中出出進進。另一方面，小嘴烏鴉好像沒辦法這樣做，牠們是把果實撕裂後往空中丟，在果實掉下來的時候用嘴巴接住吞下去。牠們就是這樣把食物丟進喉嚨深處的。由於這種額外的動作，讓小嘴烏鴉的進食速度變慢，有時候也會因為失誤沒接好而沒吃到。雖然不知道巨嘴鴉的這種機能是不是「為了」吃果實才演化出來，不過既然故鄉是在果實生產量很豐富的亞熱帶森林，就算具有能夠以高效率吃果實的能力也不足為奇。

※實際上牠們是囫圇吞下，不咀嚼。

由於小嘴烏鴉能夠使用多種多樣的技巧，所以能夠在巨嘴鴉束手無策的農地或河岸邊找到食物。在分析京都市內烏鴉領域中的環境之後，發現領域內的森林面積比例，在巨嘴鴉和小嘴烏鴉之間並沒有什麼不同。但是巨嘴鴉的領域含了許多都市街道等有鋪面（柏油或地磚等）的環境，小嘴烏鴉則是包含許多河岸邊或是草地等沒有整理過的環境。再進一步調查覓食環境，得知相對於巨嘴鴉幾乎所有的食物都是來自於都市街道，小嘴烏鴉卻是在任何環境都能找到食物。也就是說，相對於巨嘴鴉利用的都是垃圾桶，小嘴烏鴉卻是在疏林的林床、草地、河岸邊，有時是在垃圾桶等，什麼地方都能夠找到東西吃。

這樣看來，會感覺小嘴烏鴉好像在哪裡都可以生存，非常的有利。可是現代人的生活圈中，充滿了有鋪面的地面。「啄地面」或是「撥開草」這種小嘴烏鴉的技巧，在鋪了柏油或是地磚的道路上是沒有用處的。在那裡的食物是垃圾，不用特地去撥開草根尋找，也能夠簡單的從上空就發現。這樣一來，小嘴烏鴉再怎麼具有技巧也無法發揮。

何況巨嘴鴉的體型比小嘴烏鴉大。體長多了百分之十左右，體重多了百分之三十以上。現在日本男性的平均身高是一百七十一公分、體重為七十公斤左右，用這個做比較的話，就相當於對方的身高為一百九十一公分、體重為九十三公斤。被這樣的對手盯上時，除了逃走以外沒有什麼其他選擇。

京都市內從三条到四条附近的鬧街上，會有兩種烏鴉群來翻揀垃圾。在巨嘴鴉降落下來的瞬間，原本聚集在那裡覓食的小嘴烏鴉就會像出埃及記的摩西分紅海那樣，唰的一聲分成左右兩半。巨嘴鴉一副很理所當然的樣子走進那裡面吃東西。到巨嘴鴉吃完為止，小嘴烏鴉們都只能在一邊等著。

從而，雖然小嘴烏鴉並不是不利用垃圾，但是只要是在競爭翻揀垃圾這一項上面，對巨嘴鴉是比較有利的。這在競爭領域的時候應該也是一樣。當巨嘴鴉占據街上的時候，小嘴烏鴉就只能留在巨嘴鴉不會去的場所。也就是說，像京都市這樣的，在河岸邊排滿了小嘴烏鴉的領域。等到都市化更為進展，河川被掩埋、大都市的巨嘴鴉增加的時候，小嘴烏鴉就會被趕到巨嘴鴉不會利用的郊外去。這應該就是日本的兩種烏鴉之所以會分成不同「棲位」的理由，也是讓牠們的共存成為可能的機制吧。

烏鴉的喙部

牠們的行為與演化

藍藍的天空，筆直的道路。直射的日光好熱。以右手催動節流閥時，引擎聲就會變高。機車不停的在牧草地上奔馳。Born to be Wild 的氣氛。柏油路結束，塵埃飛揚，在凹凸不平的路面上邊顛簸邊一直走的盡頭，是我的目的地。

關掉引擎、停好機車。摘下太陽眼鏡，雲端的光輝刺痛我的眼睛。在大口吞下寶特瓶裡的茶之後，正好路過的民宿老闆對我說：「松原先生，今晚一起喝島酒吧！」「啊～真不錯呢！」我回答他之後，把寶特瓶丟進面前那個生鏽歪斜的垃圾桶中，將從老婆婆開的租車店租來的粉紅色輕型機車繞回民宿前面。我住的民宿前面，是我的穿越線調查（line transect method。在一定的路線中邊移動邊做生物調查的方法）的終點。那麼，就先慢慢催動已經有點無力的電池，前往下一個路線吧。

這裡是沖繩縣的黑島，從石垣島搭高速船只要二十五分鐘，這是個島民為兩百人左右，牛卻有兩千頭以上的畜牧島嶼。雖然這裡也是有名的海龜產卵地，不過在這裡的八重山巨嘴鴉也是相當有趣的。

八重山巨嘴鴉（*Corvus macrorhynchos osai*）是巨嘴鴉的亞種。只分布於西表島、石垣島及其周邊的離島。體型比本州的巨嘴鴉要小很多，我首次在石垣島看到時，還以為是我的距離感出問題了。牠們不像

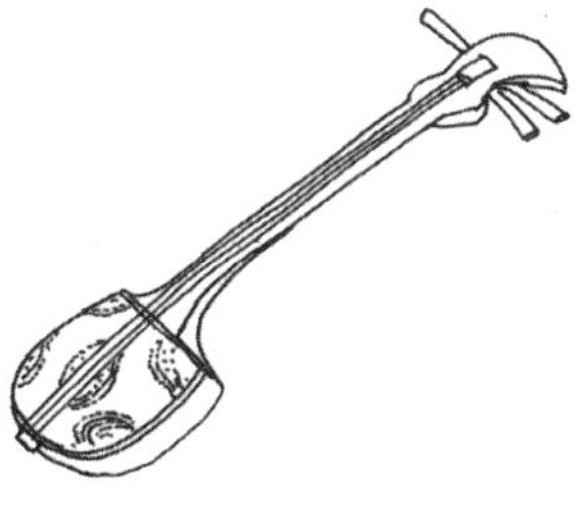

我看慣了的巨嘴鴉那麼魁梧兇猛，叫聲也是「啊—！啊—！」的很可愛。八重山巨嘴鴉以體型小為特徵，但是黑島和波照間島的族群就不是如此。牠們在八重山巨嘴鴉中算是體型大的。與其說是大，還不如說是給人一種「長」的印象。整體很細長，脖子長、腳也長，喙部仍舊很長。以牠們的長腳在牧草地上蹣跚行走，用長長的喙部不停把草分開、把石頭翻面、啄開甘蔗的莖尋找食物。光看行為的話，簡直就是小嘴烏鴉。我完全無法相信這是巨嘴鴉。第一次觀察行為的時候，我心想：「我看到的究竟是什麼？」但實際上，這個島上的巨嘴鴉就是這樣。

這種驚訝，到西表島後更是加劇。西表島的八重山巨嘴鴉全都非常嬌小，全都停棲在森林裡的樹上。雖然也有些個體會出現在牛舍，但是卻完全不會像黑島的八重山巨嘴鴉那樣，成群在牧草地上來回走動。這雖然是看慣了的巨嘴鴉生活，可是在僅僅距離二十公里左右的黑島和西表島，卻展現出很像不同種的行為，實在是讓人驚訝。何況就連外觀上也不太一樣。若是每個島的族群受隔離，基因流[1]中斷的話，不知道會不會每個島都開始各自微演化[2]。

注意到這件事、主導研究的是山階鳥類研究所的山崎剛史先生。山崎先生的專長在於生物地理學和分類學。由於我是在野外研究烏鴉的，也被邀請加入這項調查，獲得觀察南島烏鴉的機會。此外，由於這項研究仍未發表，以下的記述大多是我個人的解釋與感想，若是有大錯誤的話，也是我自己的責任。

1審訂注：基因流（gene flow），指生物族群之間遺傳物質的傳遞。
2審訂注：微演化（microevolution），指生物族群內基因中，各種基因型比例（基因頻率）的改變。

波照間島的八重山巨嘴鴉

我們繞了八重山的島嶼尋找烏鴉，記錄牠們「處於何種環境」、「都在做些什麼」等。因為如此所必須的裝備，就是在文章一開始提到的輕型機車。做完一整天的調查回到住處，移動距離有時可達一百五十公里，會讓我深深覺得「這應該遠超過騎輕型機車該走的距離」；但是自從我在沒有機車的竹富島借了腳踏車，用菜籃車騎了四十多公里後，就覺得什麼都可以，什麼都隨便了。野外的生物學家有時候，或者該說經常，都只是全然的以體力決勝負呢。

這項調查仍在進行中，還有很多事情還不清楚。不過已經確定的，是西表島的烏鴉體型明顯的很小，黑島、波照間島的烏鴉體型較大。

島的環境也不一樣。西表島的森林很發達，甚至可說整個島嶼就是一座森林。相對於此，黑島的外圍雖然有被低矮的防風林圍繞，島內卻幾乎都是

▲具有體力就是無上的才能

牧草地。波照間島雖然沒有這麼極端，島的大半也都是甘蔗園或是變成牧場，仍舊沒有大型的森林。這個島上的烏鴉即使努力去找（很像）森林（的地方）棲息，應該也很快就會客滿吧。我認為像這樣，除了前往應該不是巨嘴鴉原本喜好的環境別無他法的狀況，可能也是讓牠們的行為或形態產生變化的原因。此外，沒有競爭對手的小嘴烏鴉分布，可能也是很大的理由。

然後，我雖然寫著黑島及波照間島的烏鴉體型大，但其實不是整體都大，而是以比例來說的喙部很大。眼睛也是偏向側面。大概是由於喙部的基部擴大，導致眼窩被推往兩側的結果吧。從這件事看起來，牠們很有可能是朝著把喙部變大的方向演化。雖然很遺憾的，具體的事實只能先講到這裡，不過光是看牠們的覓食行為，在進行把草撥開、把牛糞翻面、在海岸邊啄起螃蟹等這些作業時，喙部都是重要的工具，所以可以推測長長的喙部應該比較有利。雖然為了要讓喙部變長，可以有讓整個身體變大以及改變比例的兩種方法，但是牠們可能兩者都試過了。

其實黑島跟波照間島好像是在最近才變成森林很少、全都是農耕地的「非常平坦」的島。人類在島上定居、開墾最多只有九百年；開始栽培甘蔗則是在畫入島津藩[3]領地的時代。黑島上的牧場很發達，是在二次大戰之後。假如黑島及波照間島的八重山巨嘴鴉的形態變化是由於適應了農地或牧場所導致，

3 譯注：島津藩通稱薩摩藩，在一八六九年日本明治政府進行中央集權化的「版籍奉還」之後的正式名稱為鹿兒島藩，藩廳是鹿兒島城，也就是現在的鹿兒島市，藩主是島津氏，包含琉球在內的最高生產收入為九十萬石，是僅次於加賀藩的大藩。

▲八重山巨嘴鴉

▲本土出身的巨嘴鴉

那麼發生的時間最久是九百年，最短也只有不到一百年。而且這會是由人類所引發的演化。

若是要再做附加說明的話，也表現出前項寫到的巨嘴鴉與小嘴烏鴉的行為差異，並不是在何時何地都能成立。烏鴉的行為，假如是必要且可能的話，可以很靈活的變化。

那麼，西表島和石垣島的八重山巨嘴鴉為什麼體型那麼小，特別是喙部那麼小呢？反過來說，巨嘴鴉分布於北海道到九州的亞種[4]的喙部，為什麼會那麼大呢？

在學會聽到的報告，是烏鴉的咬合肌似乎非常強力。猛禽等的咬合力則並非如此，是擅長用腳或頸部的力量來撕裂食物。只不過烏鴉最為擅長的是用喙部叼著帶有骨頭的肉塊並挖掘、拔咬。再加上——這不做模式解析就無法確認——弓型的喙部也呈現分散應力的形狀。若是從這些來進行推測的話，巨嘴鴉的喙部很可能是讓牠們深入屍體的內部，再把肉拔起來時，能夠提供充分力道的工具。

在這裡讓我們稍微思考一下烏鴉的生活史與牠們的喙部。在歐洲有對於在相同場所覓食的小嘴烏鴉、禿鼻鴉、西方寒鴉進行比較的研究。體型最小、喙部也最短的西方寒鴉主要是以躲在草叢中的昆蟲為目標，會突然跳往飛出來的蚱蜢，或是以突然飛起來再叼著牠們回來的方法在捕食。小嘴烏鴉及禿鼻鴉則主要是以地裡的蚯蚓為目標，但是能夠探測的深度卻有所不同。雖然說是蚯蚓，但其中也有巨大到

4 審訂注：這裡指的是巨嘴鴉的日本亞種（*Corvus macrorhynchos japonensis*）。

東方寒鴉

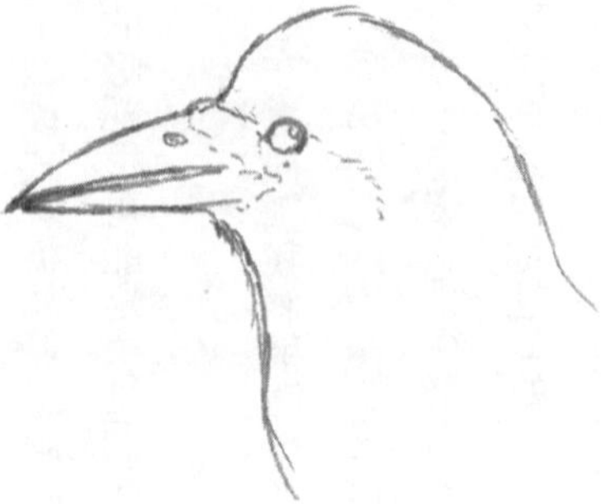

禿鼻鴉

小嘴烏鴉

巨嘴鴉

渡鴉

五十公分左右的個體，在牧草地上開個指頭粗細的洞裡住著。據說禿鼻鴉會反覆進行把被形容為「像筆尖般」細細長長的喙部插進洞中，把喙部打開將洞口撐大，再把喙部伸得更進去……的行為來尋覓蚯蚓。這種稱為「深度探測」（deep probing）的行為似乎是禿鼻鴉特有的。小嘴烏鴉則可能是因為喙部太粗而無法做到。有趣的是，當禿鼻鴉成群來回走動時，蚯蚓會因懼怕其振動而鑽到深處。換句話說，若是禿鼻鴉的話就能夠成群採食蚯蚓，但是小嘴烏鴉則無法如此。

巨嘴鴉的喙部，應該完全不適合用來尋覓蚯蚓，就連從地上撿拾米粒都非常困難。這是由於牠們的上喙部前端比下喙部前端要來得長，而這個鉤狀的前端成為障礙，導致牠們無法叼起米粒。假如地面夠軟，讓牠們的喙部能夠插進去就還好，但是像柏油路或是桌面上那就完全束手無策。在這種時候，巨嘴鴉會把頭部側過來貼近地面，以水平方向打開喙部來撿拾。這雖然是個極為不自然的姿勢，但好像也別無他法。巨嘴鴉的喙部，再怎麼樣都不是設計用來從地面上把細小食物撿起來用的。我覺得那果然是為了從動物屍體上把肉挾起用的。雖然牠們也吃果實，可是專門用來吃果實的話，像鴿子或鸚鵡般的喙部就已經足夠。

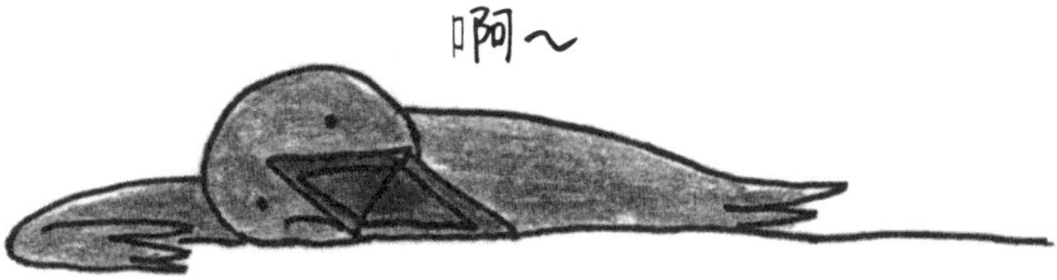

在這裡讓我很在意的，是據說是為了吃屍體而特化了的渡鴉。從食性來說，渡鴉的喙部才應該是用來把肉切咬下來用的。的確，牠們的喙部又粗又長。但是卻沒有像巨嘴鴉般極具特徵的形狀，而是像把小嘴烏鴉的喙部變得稍微堅固般的感覺，形狀以烏鴉來說是極其普通。這是為什麼呢？

雖然這個謎團仍未解開，不過讓我多少心裡有點底的，是在北海道知床首次看到本尊，以及在山階鳥類研究所的收藏庫看到標本的時候。渡鴉的體長最大可到六十三公分，遠比巨嘴鴉要來得大。理所當然的，喙部也很大。即使相對於身體的喙部比例及形狀非常普通，以絕對值來說喙部也還是很大。在拿起標本細看時，我就體會到了那喙部之大。

也許，巨嘴鴉是為了「至少光是喙部的威力也」想要跟渡鴉一較高下而努力。由於若是為了要不輸給渡鴉而讓整個身體變大，在能量消耗上會有所損失，所以至少想要讓切取肉塊的機能變得能跟渡鴉較量[5]。

這麼一想，西表島的小型巨嘴鴉就有可能是朝向棲息在常年夏天的森林中，以果實或小動物為食的方向演化。因為華麗榕及細葉

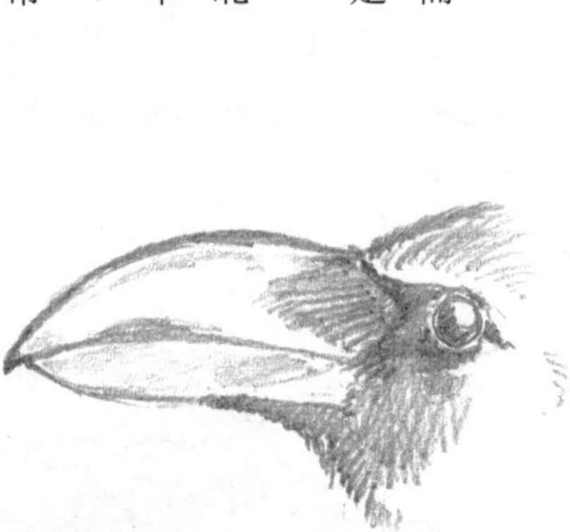

巨嘴鴉的喙部

榕的結實期不定，全年總是會在某處有某些樹結實。而另一方面，離島上既沒有充分數量的大型動物，也沒有能夠幫忙打倒牠們的、像狼般的捕食者存在。

這單純只是我的推論。證據既非常不充分，理論也充滿漏洞。所以再過幾年，也許我會主張完全不同的假說。現在我只是在做這樣的夢而已。

不過，南方島嶼與北方大地的烏鴉的生存之道大不同，也因此喙部有所不同，生存方式真的是「表現在臉上」的這種想像，仍舊是相當有趣的。

話說回來，你知道有一種有著非常了不得的喙的烏鴉嗎？那是分布於非洲的厚嘴渡鴉（*Corvus crassirostris*）及非洲白頸渡鴉（*Corvus albicollis*），長得像是在烏鴉的頭上加著角海鸚（*Fratercula corniculata*）的喙部般的臉（雖然顏色並沒有那麼鮮豔）。在看圖鑑的時候，上面寫著「為了吃糞金龜，尋找殘羹剩餚、把草食獸的糞便弄得到處都是，以及吃腐肉、還會把烏龜從懸崖往下丟了砸破來吃」等。可是，到底是什麼樣子的食性會要求如此粗大的喙部呢？我完全無法想像。

才這麼想著，在「生命（Life）」這部電影中就出現了厚嘴渡鴉。不，那一幕的主角是鬍兀鷲（*Gypaetus barbatus*）。死命的咬住鬍兀鷲想要吃的骨頭的一端拚命拉扯，一副「我才不會讓給你～！」

5審訂注：生物所能獲得的能量是有限的，因此演化過程中，有效率能量投資就顯得格外重要。這段文字的意思是，巨嘴鴉與其將能量投資在體型大小上，不如投資在喙的形狀與功能上，跟渡鴉或其他烏鴉競爭時還比較有勝算。

的，正是厚嘴渡鴉。果然牠們也是腐食動物，而且是邊跟體型比自己大上非常多的對手競爭，邊翻揀大型草食獸的屍體來吃，這種烏鴉需要的是比巨嘴鴉還要高的力量與技能吧……我這樣想像著。當然，這單純只是我的想像。想要確認的話，除了去觀察厚嘴渡鴉以外別無他法。

非洲白頸渡鴉

山裡的烏鴉們

「野生的」巨嘴鴉的生活型態

一九九四年夏天，在屋久島西部進行獮猴調查。根據地圖，那個像刀子般細長的山脊（分水嶺）是我的定點。那裡完全沒有路，但卻絕對是我得爬上去的山脊沒錯。海拔大約一千公尺，我邊坐在緊貼著岩石生長般的大武杜鵑（*Rhododendron tashiroi*）上，邊朝著雲霧繚繞的國割岳的斷崖。那簡直就是水墨畫。我覺得那比較不像是屋久獮猴，反而像是孫悟空會出現的場景。眼前是很深的山谷，對面是很高的山脊。視野時不時會被霧給遮蔽。不，從山麓看的話，這不是霧，而是雲。自己是坐在雲層漩渦的下限附近，偶爾會進入雲中，完全感受不到人類的存在。距離海岸有兩公里多，離最近聚落的直線距離也有五公里以上。

在這個時候，從山谷間傳來很熟悉的叫聲。那不是獮猴的叫聲，而是巨嘴鴉那非常響亮的「KaA、KaA、KaA、KaA……」。以方位來說，是來自左手邊的山谷中，距離相當遠。用羅盤和地圖確認後，那應該至少離了五百公尺以上。才這麼想的瞬間，這次是從越過山脊的另一側也響起了「KaA、KaA、KaA、KaA……」的聲音。現在，在這個山谷中的巨嘴鴉，大概是保持著以公里為單位的距離，正在用聲音溝通交流。

那是，我感覺到我遇到「野生的」巨嘴鴉的，最初的經驗。

野生的烏鴉，這種說法當然很奇怪。只要不是被人類飼養，所有的烏鴉應該都算是野生的。可是，特別是有關巨嘴鴉，因為給人都市鳥類的感覺過於強烈，會讓人忘記在沒有人類的場所也會有烏鴉存在的事實。所以我就以「人類影響很少的烏鴉」這種意思，來稱牠們為「野生的」烏鴉。

就像我最初介紹過的，一般認為巨嘴鴉是森林的鳥類。英文中是稱牠們為 Jungle Crow。在文獻中的記載也是森林鳥類。但是在山裡面，卻完全看不到巨嘴鴉。若是像巨嘴鴉般大型而且經常鳴叫的顯眼鳥類，在做穿越線調查時的出現率大概可以達到百分之兩百（也就是說一隻鳥會被計算兩次）。但是當我努力搜索自己的記憶時，卻全都像是在某個山上看過，或某個時候在哪座山上看過般，這樣斷片的記憶。雖然印象非常的模糊，但是在我老家的後山大概就是每一公里或兩公里會有一次聽到烏鴉的叫聲？的感覺，但是我也不太有信心。

另一方面，在日本阿爾卑斯等登山客很多的高山上，也有了「開始看到巨嘴鴉了」、「以前我不認為會在這種地方看到牠們」、「不只是夏天，而是全年都在」、「這到底是怎麼一回事」等的聲音。的確，在登山熱潮的時代，山上的廚餘增加，不只是烏鴉，就連流浪狗都在高山出沒。可是由於在那之後的登山客變得比較遵守公共道德，垃圾四散的狀況應該是消失了才對。

在占了日本國土面積大部分的山地、森林中，真的有巨嘴

▲烏鴉也是在森林裡深呼吸比較好

鴉嗎？在哪種森林中有多少個體棲息呢？仔細想一想，這是沒有人調查過的問題。在最容易觀察巨嘴鴉的日本，我們只不過是看到「已經都市化」的巨嘴鴉，然後說烏鴉是那樣的鳥、是這樣的鳥而已。這就像是光憑著對東京的印象就來描述日本一樣，很糟糕啊。要是聽人家說「日本是電氣迷的國度，只有穿著女僕裝的女生及宅男」的話，一定會很想花個一小時來逼問對方「你的眼睛到底長到哪裡去了」吧。就跟這個一樣的，我們在進行討論的時候，也不應該忽視巨嘴鴉的原始生活才對。

這些道理是我後來才想出來的，但是我最初只有「我想要看看山裡面的烏鴉」這種極為單純的感覺。另一個是對於「居然增加到出現於高山帶」這種聲音的反論：「不，牠們可能原本就一直在那個地方。」

其實我在學生時代就愛上屋久島的日本獼猴調查，龍谷大學的好廣真一老師所率領的「屋久獼猴調查隊」，我參加了十多次。在本節第一段提到的，也是當時的經驗。其中包含了冬天的山頂區域、超過森林界線[1]附近的調查。在我當時住宿的登山小屋中，住客筆記有著這樣的紀錄。

「在花山步道視野良好的岩石上打開便當，只是去上個廁所回來，便當已經被烏鴉吃掉了。」

1審訂注：森林界線（forest line），指森林所能因環境、氣候或海拔而生長的極限界線。

隔天，我的朋友去那塊應該就是那個「視野良好的岩石」做定點調查，跟我說有一隻烏鴉來偵察了好幾次。我自己也在一九九五年一月一日，透過結了冰在發亮的自己的劉海，目擊到在黑味岳（一八三一公尺）的山頂上空迴旋的巨嘴鴉。實際上，我曾經考慮過是不是能夠在屋久島追蹤烏鴉，但這終究是不可能的。在屋久島的森林中，想要用步行來突破烏鴉三十秒的飛行距離，就算是花上三十分鐘也不足為奇。

在山裡面，有烏鴉。但是，應該要如何做什麼樣的調查呢？

我把這類事情跟同樣是研究烏鴉的森下英美子小姐（文京學院大學環境教育研究中心）說過不久，就開始兩個人一起追蹤山裡的烏鴉。起初是以確認「我覺得一公里應該有一對左右吧」一般的漠然印象而到山裡面去。然後，確實有烏鴉。非常粗略的看過之後，得到的印象是「每一公里或兩公里就會有一對吧？」的感覺。同時，也確實了解在山裡探索烏鴉有多麼的困難。原本以為沒有烏鴉，牠們卻一直停在眼前；正想要離開的時候卻又「Ka」的叫了。很意外的事情是，山裡的烏鴉非常的安靜。原本以為

◀山上的烏鴉有沉靜的個性

「烏鴉很吵鬧，只要在的話一定會知道」，其實這只有在城市中才能通用。

於是我心生一計，要讓不飛也不叫的烏鴉發出叫聲，還讓牠飛。由於繁殖中的烏鴉是具有領域的，只要有入侵者，就一定會吵吵鬧鬧。所以只要扮演入侵者就好。這種「讓牠們聽叫聲而起反應」的調查法稱為聲音回播法（Play Back）[2]。實際上，用我的聲音來學烏鴉叫聲也是可能的。這是某爬蟲類研究者教我的，祕訣就是「不要害羞，大聲 KaKa 叫就對了」。仔細想想，這雖然是要確認三十年前自己的經驗，但總不能在論文中寫「自己酌情發出適當的 KaKa 叫聲」，於是我就把ＭＰ３連在用乾電池驅動的喇叭上，播放巨嘴鴉的叫聲。

調查是從牠們對聲音回播反應的程度，以及選擇實際在野外進行分布調查的場所開始。有關於場所，老實說實在不清楚，於是就姑且在深山裡，以能夠開車抵達的場所為理由，選擇了埼玉縣秩父市方向的林道。在東京及埼玉的各個地點嘗試回播聲音之後，得到了「烏鴉在給牠們聽聲音回播的五分鐘之後，叫得比給牠們聽之前的五分鐘要來得多。或是更接近音源」的結果。這也就是說，得到了「只要播放聲音的話，烏鴉就會有反應」的根據。實際上這也是很辛苦的，因為也經常有烏鴉總是對著人類或是周圍的烏鴉鳴叫，完全沒辦法進行比較。

2審訂注：鳥類在繁殖季節時，雄鳥為了防衛領域和吸引配偶，警戒心非常高（非常神經質的意思）。如果在領域內聽見同種陌生雄鳥的鳴唱聲，往往會因而急躁的大聲發出鳴唱聲回應，像是「你已經進入我的地盤了！請快點離開！」的警告。因此，此時運用聲音回播法調查鳥類的效果相當好，但也有人認為這樣的調查方法對鳥類繁殖的干擾太大。

正式進行的調查方法如下。首先，考慮路線，看著地圖決定每隔一公里的定點位置。其次是實際到現場去，比較地形圖與汽車導航及風景，在「應該是這附近吧？」的地方，把能夠停車的場所設為定點。雖然在無論如何都沒辦法停車的地點，就只能把車停好之後再走回去，不過很意外的，就是在「這裡應該不錯吧？」的場所，通常都會有個能夠迴車停車的地方。於是就在汽車導航上記錄那個位置。等到定點全部決定之後，就正式開始進行調查。早上（只不過是以不會遇到從巢中出來的烏鴉那種程度的偏晚時間）抵達定點，以喇叭最大的音量播放KaKa聲。這時的音量在距離喇叭一公尺的地方約為八十五分貝，在山裡面約能夠傳到八百公尺遠（縱然如此，也還是比真的烏鴉叫聲要稍微小一些）。然後，靜靜的等五分鐘。若是烏鴉有反應的話會回應叫聲，順利的話烏鴉還會出來「剛才發出叫聲的是你嗎?!」、「是你想要進入我的領域吧！」，想要以吵架來宣示自己的領域疆界，不過這麼順利的狀況，實在是不太多。

在只聽得見烏鴉叫聲的場合，只能以聲音來推測牠們的所在位置。我對此雖然有些不安，但是從我在屋久島進行獼猴調查時的經驗得到的印象，是人類的耳朵出乎意料的能夠探知正確方向。在烏鴉的情況也是，在只靠聲音來記錄方位跟推定距離之後再用望遠鏡尋找，大概都能夠相當正確的找出牠們的所在位置。距離也不會相差太多。

就像這樣的，每逢周末我就會在山中道路上反覆進行「停下車來播放烏鴉 **KaKa** 的鳴叫聲，暫時停車確認反應之後再把車開走」這種實在很奇妙的兜風行程。

由於山裡的烏鴉仍是未知數，有時會因為常識不管用而讓我相當挫折。例如有些小事，會讓我認為山裡的烏鴉好像喜歡針葉樹林？每次只要看到有烏鴉放著附近美麗的新綠群山不住，反而在密密種著柳杉的山上來來去去時，我就會覺得很奇怪：「為什麼你在這裡？」

此外，即使海拔變高，烏鴉好像也無所謂。雖然超過森林界線時，牠們還是沒辦法棲息，不過倒是會暫時超過森林界線來到岩場。我曾經在屋久島第二高峰的永田岳（一八八六公尺）山頂岩石上做過一整天的定點調查，而在聽見從水平方向突如其來的「Ka、Ka、Ka」聲時感到驚訝。從方位來看，也只能是從屋久島最高峰的宮之浦岳（一九三六公尺）山頂傳來，當我邊想著怎麼可能，邊用望遠鏡看過去的時候，發現在山頂正下方

的岩石上有個黑色的物體在動來動去。在想說「那看起來還真像巨嘴鴉在叫呢」的數秒後，便聽到了「Ka、Ka、Ka」的叫聲。在沒有雜音也沒有遮蔽物的場所，烏鴉的叫聲能夠傳到一．五公里外呢。

不過，也有光用看的是完全無法了解的事。最大的問題就是食物。雖然只要是在闊葉樹林的話就會有相當多的食物，但是具體上牠們到底吃些什麼，則幾乎完全不清楚。何況針葉林給人欠缺生物多樣性的印象，牠們在這裡到底是要吃什麼呢？

要「持續」觀察森林的烏鴉幾乎是不可能的任務。那個印象比較接近觀察猛禽，在起飛之後就已經看不見。在這種場所調查烏鴉食性的方法，我至今還沒想到。雖然撿拾糞便或是食繭應該是有效的方法，但是撿拾時很少遇到烏鴉的糞，所以也是不可能的。雖然還有另外一種稍微科學性的、使用碳—氮穩定同位素比推測營養階層的方法，不過這在對象是像烏鴉這種很難鎖定食物種類的時候也是很難使用的。首先，就連羽毛都很難撿到，也就等於根本沒辦法取得用來分析的樣本。

這個研究處於現在進行式，還沒辦法在這裡寫出明確的結果。只不過，在山裡的確有巨嘴鴉。雖然只要有人家就確實會有烏鴉，但是即使沒有人煙也會有烏鴉。然後，在山林中的就是巨嘴鴉。

從前，在人類還沒定居於日本列島之前，巨嘴鴉應該是生活在森林中。從這個層面來看，沒有人類的森林中的烏鴉，可說是遙遠過去的烏鴉。從那裡隨著逐漸接近人類居住的地方，就漸漸變成「狩獵採集生活時期的烏鴉」、「村落社會的烏鴉」、「都市剛成立時的烏鴉」了。

山裡的烏鴉對聲音回播的反應是多種多樣。既有在聲音回播到一半時像是一搭一唱般的以叫聲回應的個體，也有在沉默幾分鐘之後再鳴叫的個體。還有非常好懂，邊鳴叫邊飛過來在上空盤旋的個體。我對牠們準準的在音源正上方盤旋的高準確度感到驚訝，也在我對學生說：「那我現在就叫烏鴉來喔～」然後發出 KaKa 的叫聲給大家聽，烏鴉真的飛過來時的狀況覺得感動。此外，也有停在枝頭上激烈威嚇的情況。我認為那並不是對我們生氣，只是在尋找入侵者而已。

最麻煩的，是完全不發出叫聲，只是前來靜靜觀察的個體。想要發現抹滅自己蹤跡的烏鴉真的是非常困難。大家可能會認為那個身體很巨大耶？但是在森林中，可是充滿了像烏鴉般粗大的樹枝。全黑的身體，在以天空為背景往上看的時候，樹木的枝葉看起來也是全黑的，無法跟烏鴉區別。再加上闊葉樹林或柳杉林裡面很昏暗，各種物體看起來全都像是在陰影之中。要是烏鴉混於其中的話，就完全不會被注意到。

若是在那裡面注意到「好像有點奇怪」的感覺而一直在附近尋找的話，就有可能會由於「那根樹枝好像比剛剛粗了一些」，或是「在那裡原本有樹枝嗎？」，抑或是「剛剛喀的一聲，是爪子碰到樹枝的聲音吧」等的，稍微有些不一樣的感覺。在「就是那裡！」的那個瞬間把望遠鏡轉過去的話，經常就會看到烏鴉。在山裡尋找烏鴉，有時就像是在跟忍者戰鬥。

除此之外，烏鴉也很擅長躲在樹幹上。牠們的動作會讓人覺得，與其說牠們偶然停棲在那裡，還不如說牠們是故意躲藏在那裡。當我找到牠們並觀察的時候，牠們會像是躲避我的視線般，藏身於樹枝樹葉後面。

最有趣的，是牠們經常會只把臉藏起來就覺得安心。在烏鴉的感覺中，好像是「只要自己看不到對方，對方也就看不見自己」。有時在觀察整個暴露在外的烏鴉身體時，烏鴉會悄悄的探出頭來，發現自己正在被看，然後慌忙逃走呢。

話說回來，雖然牠們好像非常小心謹慎，但是烏鴉其實是很輕率的（森下小姐把烏鴉評為「膽小鬼而且很輕率」）。我經常覺得當我們前

去觀察牠們時，牠們也同樣的前來觀察我們。

曾經發生過像是證明這種想法的事情。當我在屋久島進行調查時，只有在某個學生的定點，烏鴉幾乎是每天固定出現。而且不光只是聲音而已，就連目視情報也很多。我們起初以為是那個定點很好，不過只要不是同一個調查員去的話，烏鴉就不會來。我原本認為那非常不可思議，但是有一天在聊天的時候，我問：「你在定點都做些什麼？」那個學生說：「由於沒事，我就會唱歌跳舞。」而且她穿的雨衣是大紅色的。從平時沒有人的林道傳來聲音，靠近去看時發現大紅色的人影在跳舞……這即使不是烏鴉，應該也會湊過來看熱鬧吧。我在進行調查的時候通常都穿得很低調，或是說我幾乎都是穿迷彩顏色，不過若是試著只有在調查烏鴉的時候穿得很鮮豔的話，應該也不失為一種好方法[3]。

3審訂注：一般來說，鳥類對鮮豔的顏色較為敏感，會保持比較遠的距離，因此在鳥類調查或賞鳥時，都會盡可能穿顏色樸素的衣服或迷彩服。鮮豔的紅色雨衣反而吸引巨嘴鴉，是比較特別的例外。

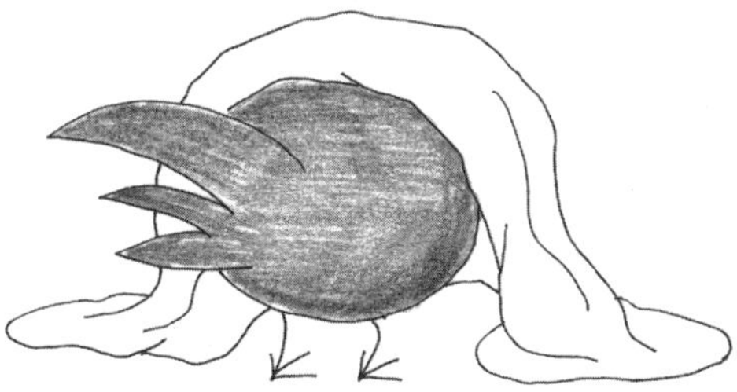

烏鴉的玩耍與智能

由於很困難，只是稍微說說

在這裡只稍微講一點跟烏鴉的「玩耍」有關的事。

我之所以在玩耍上面加引號，是基於「一般被稱為玩耍的，在多數人眼中看起來像是在玩樂的行為」的意思。也許你會覺得怎麼又提出這種麻煩事……，不過學者就是這麼麻煩，請大家諒解。

玩耍是一種像是有定義又好像沒定義、很棘手的行為。雖然一般認為是「明明沒什麼直接的用處，卻會花代價去做的事」，不過關於這個的判斷卻很難。例如小貓追著球，用前腳去拍球、咬球「現在、直接」沒有用處，但卻能說是對將來的狩獵有幫助的一種練習。

以人來說，一般是把賽馬視為「玩耍（娛樂）」，但是在中大獎買了東西時，就直接變得有用（賺錢），在那一瞬間變成不是在玩，這種說法也是很奇怪的。反過來說，假如說「這其實是在做某種練習」，就又可能會引發類似「打棒球有什麼用嗎？原始人是用球跟球棒去打獵的嗎？」的奇妙討論。

不過就算球和球棒沒有用，應該還是有類似投擲長槍、正確操作石斧般的行為才對。在這裡只要想一下在棒壘球打擊場打球打個不停時產生的那種「照心中所想的把球打飛打遠的快感」，就能夠了解這也有可能成為玩耍的要素。這樣一來，玩耍也許也能定義成「為了要在達成某種行為或課題後感到愉快，而進行滿足那種快感的行為」。這裡所謂的某種行為是指能夠照自己的想法動作身體、追逐動作中的物體並捕捉到、預測的事物跟結果相同般的，札根於與生存相關的行為吧。如此想來，動物與人類的玩耍應該就是可以相提並論的。

只不過要是把問題還原到大腦生理學時，就不可能從外觀來做客觀性的判斷（歸本溯源，我們根本就不知道神經系統是否能夠區別玩耍跟正事的滿足感）。雖說如此，在看動物的時候，的確會觀察到一些很想說「這個，絕對是在玩吧」般的行為。但另一方面，我對於把什麼事情都稱為在玩耍這件事也還是不能完全接受。例如大翅鯨的氣泡網捕食（bubble net feeding，複數的鯨魚從噴氣孔邊吐出氣泡邊包圍魚群，把牠們一網打盡的覓食行為），若是不知道魚群的存在，就會誤以為牠們是在玩耍。所以在這裡就連我的藉口一起總稱為「玩耍」。

說了半天我的藉口之後，讓我們來談談烏鴉的「玩耍」。

烏鴉很常「玩耍」。雖然其他的鳥類也可能會玩，但是像烏鴉這樣，從人類的眼中看來也能清楚看出牠們真的是在玩的鳥類也是很少見的。照著前面的定義來說的話，應該可以說是脫離現實生活「只是為了快樂而進行的行為」。

蹲坐在滑梯上往下滑。仰躺在雪地上用背部往下滑。像這樣的觀察例子非常多。而且還有不少是特地用走的爬滑梯再往下滑。雖然其中也有些例子可能不是故意，只是剛好滑落下來，但是像「這是故意做的吧？」的例子也不在少數。

被稱為乘風的、迎風展開翅膀，讓身體浮起來的行為也頗常見。吊掛在電線上，像在玩單槓般的咕溜溜旋轉一圈再轉回來的行為也是有的。雖然乘風可說是一種飛行訓練，但是想主張吊掛再旋轉一圈的行為是「對將來有所幫助」，應該會有困難。在聽到「對了對了，這對快要從樹枝上掉下來的時候很方便……」的時候，就會想要直接吐槽：「你到底在說些什麼！飛起來不就好了嗎！」

在更單純的例子中，還有種不停的拉扯、啄個不停的行為。雖然這應該是跟覓食有直接的連結，但

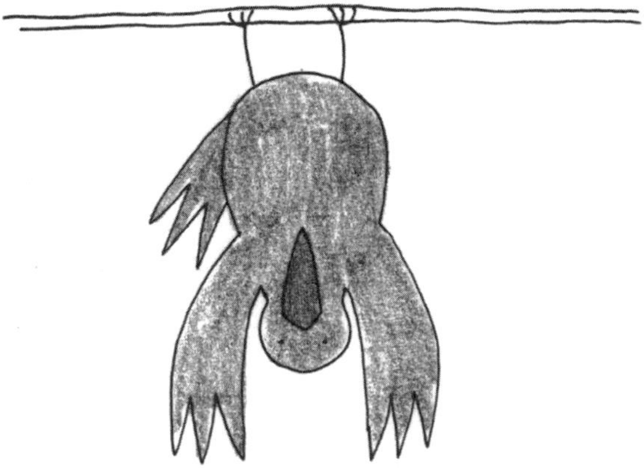

是總而言之，烏鴉就是會有種逢洞就窺視、逢露出在外的東西就拉扯的習慣。像是「讓我有些在意、總之我就是很介意」般的感覺，牠們的這種習性有時就使牠們會去剝神社屋頂的檜木樹皮，或是剝除電線的外層保護膜。這也可以說得上是在玩耍的行為。只不過有點單純而已。

　至於有點糟糕的惡作劇，會有像是「可以欺負看起來好像很弱的對手」般的行為。在奈良公園裡有兩隻巨嘴鴉，經常蹦蹦跳跳的跟在一頭年老的公鹿後面，每跳起來一次就拔一根雄鹿屁股上面的白毛。這種行為可以反覆進行幾分鐘。老公鹿每次都會回頭，烏鴉也會很故意的每次都飛走，等到鹿開始往前走時又重複做同樣的事。因為那是在秋天，烏鴉並不是在收集巢材，所以牠若不是很介意鹿的白尾巴，就是鹿蹣跚的拖著一隻腳走時很容易被盯上，或是這些理由重疊造成。

　雖然這看起來像是在霸凌，不過在公園的池塘把鴨子群給踢散，是以麵包爭奪戰為多。但是我也看過可能是（雖然我實在不想說）看到鴨子很慌張而高興？的例子。因為在那裡根本就沒有食物啊（雖然也有可能是相信那裡有食物，在把鴨子踢散之後卻沒有，這種事情也是可能發生的）。

我自己本身看到的例子，是有隻小嘴烏鴉很執拗的不停啄著曾經裝過點心的杯狀空容器上的ＪＡＳ[1]圖案。由於啄得很大力，容器就會因其反動而滾來滾去，然後小嘴烏鴉就追上去用腳踏住，繼續用力的啄。到了最後，牠也不再去啄ＪＡＳ圖案，看起來完全像是在享受讓容器滾來滾去、用腳踏住它的樂趣。

此外，我還目擊過大概是那年出生的小嘴烏鴉，朝著低矮的樹枝蹦的跳一下，叼著一片樹葉吊掛在那裡的行為。牠會死命的從那個姿勢攀上樹枝，看起來簡直就像是在單槓上練習倒掛金鉤的小學生一般。有趣的是當周圍的個體看到這種行為時，也會爭先恐後的搶著做同樣的事，然後像是在說「我先我先！」一般的吵起架來。

雖然這也可以說是在顯示自己的運動能力、練習運動，但也可以看成是完全無法了解的單人遊戲。有一次，有一隻小嘴烏鴉在草地上找到一顆毬果。起初牠叼著毬果，然後用單腳握著，就這樣開始行走。那就像是只有單腳穿著高底木屐般，看起來非常難走，不過牠還是走了五、六步。接著牠握著毬果砰咚的橫躺在地上，彎著脖子叼著還繼續握在腳上的毬果。然後保持仰躺姿勢咯噹咯噹的往

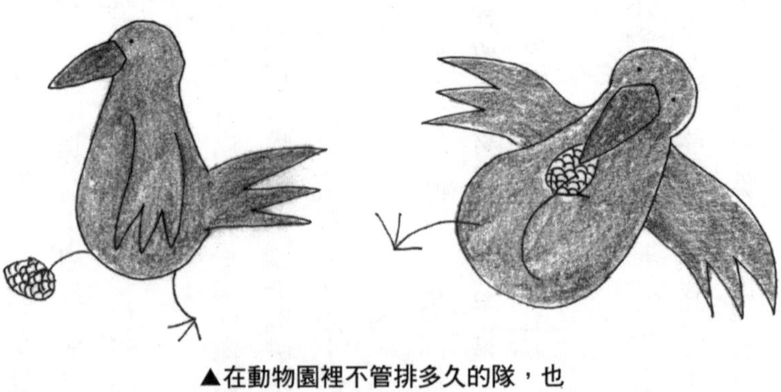

▲在動物園裡不管排多久的隊，也看不到這麼可愛的烏鴉。

左右兩邊搖擺身體，看起來簡直就像是抱著輪胎滾來滾去玩耍的大貓熊。我邊看邊想：「這傢伙到底是在做什麼？」然後牠就跳起來叼著毬果飛走了。到現在為止，這種行為對我來說都還是完全無法解釋的謎團，也沒看過其他類似的行為。由於無法解釋，所以是玩耍。雖然直接這樣解釋的話有點太過方便，但是要主張烏鴉叼著毬果滾來滾去的這件事有適應上的意義，也是相當勉強的。

反過來說，也有看起來像是在玩，但卻並非如此的行為。那就是小嘴烏鴉的「放置石頭行為」。神奈川縣內發生過幾次在JR線鐵軌上被放置不明石頭的事件，事後根據東大的樋口教授等人的調查，才發現犯人是烏鴉。雖然有「那不是在玩嗎」、「由於烏鴉很聰明」、「牠們可能是因為巢被JR拆除而在報復」等各種不同的傳聞，但是從結論說起來，這個事件是「當牠們在軌道的鎮流器（ballast）下面藏食物的時候，把（因為藏了食物而多出來的）石頭[2]叼出來後，由於鐵軌的高度正好，就順便放在那裡了」。再因為火車接近時，烏鴉就會把石頭放下來飛走，於是就發生了「放置石頭事件」。像這樣，既不是玩耍也不是任何有意義的行為，卻也有可能會「因為牠們是烏鴉」而被過度解讀。

也就是說，雖然我不贊成把烏鴉做的事情統統稱為玩耍，但是我的確看過烏鴉不明所以，推翻人類

1 譯注：日本農林水產省的標章，會標示在各種食品或林產上面。有分普通、有機、特定、生產資訊公告、定溫管理流通等不同標章。

2 譯注：鐵軌周圍通常放滿石頭。如果要藏東西，得先把石頭拿出來，再把東西藏進去。所以石頭就多出來了。

的解釋與分類般的行為，而那就只能暫時先歸在「玩耍」裡面了。

雖然跟玩耍有些不同，不過烏鴉很擅長模仿聲音，也就是可以學得維妙維肖，被人類飼養的烏鴉經常會學人類講話。通常是像「小烏～」、「早安」般的招呼用語。雖然沒有九官鳥或鸚鵡講得好，卻也仍舊講得很不錯。

特別是巨嘴鴉聲音的音質特性跟人類很像，所以很容易互相模仿。但是，對於烏鴉為什麼會講人話則還不清楚。話說回來，九官鳥跟鸚鵡會學習模仿人類講話的理由也不清楚[3]。

在鳥類之中，有些物種會取用別種鳥類的叫聲片段，以便增加自己的鳴唱曲目，讓自己的歌變得複雜[4]。在日本是以黃眉黃鶲（*Ficedula narcissina*）及紅頭伯勞（*Lanius bucephalus*）為有名。像是南美的小嘲鶇（*Mimus polyglottos*），被視為很會鳴唱，會唱很多種歌，但那些被視為是「小嘲鶇真正的歌」的曲目，其實全都是模仿別種鳥的叫聲來的[5]；也有像華麗琴鳥（*Menura novaehollandiae*）般連照相機的快門聲都能學得很像的厲害鳥類。這些技藝恐怕是對競爭對手的雄性所做的牽制，或是對雌性所做的展示。雖然也有種說法認為紅頭伯勞之所以模仿，是因為要把別種鳥叫來，將牠們吃掉所致。

不過再怎麼想，我也不覺得烏鴉在野外是用模仿叫聲來呼喚雌性。即使是鸚鵡，在野外也不會模仿別種動物的聲音來呼喚雌鳥。模仿人類的聲音把動物叫來再把牠們吃掉也是不可能的。那麼，究竟為什麼要模仿呢？

烏鴉和鸚鵡共通的，是牠們都是成群在一起的鳥類。在鳥群中用聲音進行溝通交流的時候，也許有什麼是需要牠們展現口技的吧。

我之所以會這樣想，是由於我曾經遇過某些狀況，讓我覺得烏鴉可能是會即興模仿剛剛聽到的聲音。我曾經在武道場前面觀察過烏鴉接在人類喊「一、二、三、四！」的聲音之後鳴叫了同樣的次數，以及在我家附近進行道路工程的削岩機發出「咑啦啦啦啦……」的聲音時，巨嘴鴉自己也「嘎啦啦啦啦……」的叫。

從這些例子可以推測烏鴉模仿聽見的聲音並且回應，應該是牠們的行為模式之一。而這跟個體間的聲音交流有什麼樣的關係，我多少有些想法，不過這還研究到一半而已。

3審訂注：大多數的鸚鵡在野外群居生活，不同的群體所發出的聲音不同。鸚鵡會盡力模仿周邊成員所發出的聲音，讓成員彼此確認自己是不是「一家人」，也能一起防衛領域、防禦天敵。被飼養的鸚鵡，也還有這樣的習性，因此便會模仿周遭最常聽見的聲音了。鳥類模仿天敵的聲音，能夠隱藏自己的真實身分，有時具有躲避天敵的效果。

4審訂注：鳥類不像哺乳類是透過聲帶的震動發出聲音，而是透過稱為「鳴管（syrinx）」的發聲器官。鳴管是位於氣管基部的空腔，當空氣通過鳴管時，透過胸肌、管壁及薄膜的收縮，改變空腔的體積和通道的寬窄，使空氣震動發出聲音。各種鳥類的鳴管構造不盡相同，發聲的能力也不同，這是受到器官構造的限制。因此，有些鳥能模仿聲音，有些則無法。

5譯注：就像《飢餓遊戲》中會學人吹口哨那樣，會把聽來的聲音當成自己的歌來唱的鳥，但那些都是模仿來的，不是天生的。

跟玩耍同樣很常被問的問題，是「烏鴉很聰明吧」。不過，這個問題非常難回答。而且話頭只要一起，講起來就長了。所以每次被問到的時候，我都只有發出「哼～嗯」的聲音，想就這樣含混過去，可是卻沒有成功過。沒辦法，還是要講一下吧。

在調查動物智能的方法上，有使用史金納箱（Skinner Box）的條件學習實驗。在箱子裡面關著鴿子或猴子[6]，只要問題答對、做對就會得到食物當獎賞。這種機關，不知道你是否曾經看過。這就是史金納箱。在用此做調查後，發現巨嘴鴉記憶事物的速度的確比野鴿快，記得的時間也長。

不過，這就像是智能指數測驗一樣。智能指數可能是聽不聽明的要素之一，卻不是聰明的絕對值。也因為如此，我們不是經常會說「考試成績跟聰明與否是不一樣」之類的嗎？

讓問題變得更為麻煩的，是真的有方法能夠統一測量不同種動物的「聰明程度」嗎？例如使用只要能夠接連按下正確答案的按鈕，不久之後就能得到食物的這種裝置讓鴿子做功課的話，鴿子到有食物出現為止，可以連續的啄上幾千次。因為牠們不懂得放棄。舉例來說，當我們把硬幣投入自動販賣機、按下按鈕之後若是果汁沒有掉出來，「不出來耶？不出來耶？不出來耶？」的連續按下幾千次的是野鴿的做法。人類的話應該就會說：「你是白癡嗎？那一定是故障了啊。」一般來說也應該是會按退幣鈕來取回硬幣，再去試別台自動販賣機。那就是人類的「聰明」。

不過在這裡，讓我們從鴿子的觀點來看一看。野鴿的食物是果實或種子，即使是被踩進地裡般的種子，也只是只要持續不停的啄，不久之後總會進到嘴裡。這樣一來，停下來想「該怎麼獲得這個食物才好」等，反而會讓效率變差。野鴿具有的世界觀是禁欲型的「不要思考多餘的事情，只要默默動手就好」。也就是說「不懂得放棄」、「什麼也不想」對野鴿來說是最正確、最聰明的做法。那麼，站在生物的立場，「聰明」的究竟是誰呢？

話說回來，把兩片煎餅重疊得好好的再一口氣啣在嘴裡的烏鴉看起來很聰明。比起用蠻力來敲破核桃，從上空往下丟的方式顯得非常聰明。不特地使用翅膀，而是把核桃放在馬路上，讓車子經過把它壓破的方式看起來更加聰明。對的，問題就在於「看起來」。對人類來說，「看起來很聰明」就是「聰明」的定義。雖然這會陷入「因為聰明所以聰明」的循環論法之中，但是用人類的基準來計測動物的能力原本就是相當勉強的。何況「聰明」還具有「有效的處理」、「想出高效率的方法」等幾種不同的意義。人類所感到的「聰明」應該是指人類本身所必要的能力，也就是指能夠維持複雜的社會、想出補足人手不足的高效率方法，因為如此就必須

6 譯注：當然有時也會使用老鼠或其他動物。

要記憶經驗加以理解、訂定計畫等的一連串能力吧。

在這樣的前提之下（我有說過這會變得很長吧？）再來看烏鴉的能力。的確，牠們能很快的記憶、記憶力良好，而這些特徵就成為讓人類判斷牠們「很聰明」、「頭腦很好」的理由之一了吧。

分布於新喀里多尼亞島上的新喀里多尼亞烏鴉（*Corvus moneduloides*）不只會使用工具，還會自己製作工具。加拉巴哥群島的啄木樹雀（*Camarhynchus pallidus*）雖然會把仙人掌的刺當工具使用，但並不會自己加工。新喀里多尼亞烏鴉則會彎曲葉柄，把葉緣切開、調整成容易使用的樣子，然後當做「自己的工具」來重複使用多次。由於「製作」工具一直到不久之前都被認為是人類的專利，即使是近年來也最多只擴張到黑猩猩的程度而已，所以新喀里多尼亞烏鴉讓這件事一口氣做了大幅度的跳躍。

不只如此，在實驗條件下，把食物放進用管子組合而成的裝置中，「啄這邊是沒有用的，所以要從那邊壓下去，讓食物掉在這個洞裡面」般的事情，烏鴉能立刻就看出來，就連「由於用這個工具沒辦法搆到食物，所以得先用這個短的工具把那個長的工具從管子裡拉出來，再換成用長的工具來把食物拉出來」的這種計畫都能夠訂得出來。這只能認為烏鴉並不是單純的「雖然不知道是為什麼，不過啣著這種東西隨便咚咚咚的敲就好了」般的曖昧理解，而是能夠了解工具的特性來訂定計畫。這種能力，果然還是應該很誠實的說是「聰明得驚人」吧。

新喀里多尼亞烏鴉一躍而知名，劍橋大學等也進行了各種各樣的實驗。其中當然有像是「那其他種烏鴉又是如何呢？」一般的研究。令人驚訝的是禿鼻鴉會彎曲鐵絲製作工具，把食物鉤上來。老實說，根據我對在日本的冬天看見的禿鼻鴉的印象，是只會成群撿拾掉在地上的稻穗，比較偏向「以烏鴉來說有

▲在製作工具上是不能妥協的。
這就是專業的工匠啊。

點笨」的鳥。我真是把牠們給看扁了。只不過禿鼻鴉完全沒有在野外製作工具、使用工具的紀錄。看起來似乎在飼養下所顯露出來的潛在能力，跟在野外很平常的做給大家看的事情是不一樣的呢。

還有一樣，必須要考慮到因物種的不同所造成的生活史差異。關於靈長類的智能，是以「社會性智能」被視為重要。記得整群的成員、整理順位及力量的高下、順利的掌握個體間的關係來平安度日，這些是社會性智能。也可以說是政治頭腦。有種說法認為，也許是由於這被轉移到其他方面，才產生了「高度的智能」。在烏鴉之中，也以渡鴉展現出非常高度的社會性智能，而全面性的被認為是「聰明的動物」。但是，卻完全沒有渡鴉使用工具的報告。牠們明明就會在意別人的視線，觀察其他個體的行為來學習，卻不會想到要使用工具來獲得食物。在鳥類的例子，特化成覓食方法的工夫與厲害程度，可能也具有催生出使用工具的這種特殊「聰明」的一面呢。

以靈長類來說，在聰明程度上有可能不輸給黑猩猩的紅毛猩猩並不會成群。也就是說，牠們被認為不太需要社會性智能。所以我們還不能斷言只有社會性智能對於智能的發展發達是重要的（也有假說認為紅毛猩猩所具有的、能夠預測在樹上移動路線的效率的能力可能與智能有關）。

這也就是說，我們不能整個、全面性的說「烏鴉是」很聰明的，因為在烏鴉的「聰明」之中也有各種各樣的種類。以我個人來說，雖然只要做實驗，小嘴烏鴉也應該能夠做出什麼樣的事情來，但是關於覓食，總之要讓什麼都是用蠻力解決的巨嘴鴉來做的話應該就有點難吧？

太陽與狼與烏鴉

到底是神明的使者，還是巫婆的屬下

在念完研究所碩士課程的那個春天，我和同學們做了一趟遊紀伊半島半周的漫無目的旅行。那個時候的目的地，是和歌山縣的川湯溫泉。我用力主張我們應該也順便到熊野本宮大社去走一趟。因為熊野大社是跟八咫烏[1]有關的神社，只要是研究烏鴉的人，就一定不可能錯過的聖地。幸好，川湯溫泉跟熊野大社的距離並不遠。

在開車前往熊野的路上有個T字路口。該往右還是往左，在看道路地圖的時候，非常不巧的那個部分正好被一小篇文章遮住，讓我們沒辦法看見該去的地點，非常的傷腦筋。

在那個時候，我發現有一隻烏鴉停棲在T字路正對面的電線杆上。我從車窗把頭探出去對牠喊：「喂～，熊野大社是在哪一邊？」令人無法置信的，烏鴉立刻把身體向後轉。不，那邊根本就沒有路啊。

「你這傢伙，這樣也算是八咫烏的後裔嗎？好好帶路啊！」這樣對牠怒吼之後，烏鴉以一副嫌麻煩的樣子，用喙部指向左邊。於是我就跟握著方向盤的朋友說：「左邊。」

過了幾分鐘之後，他問我：「你剛剛有看到標識嗎？」我回答：「沒有啊，就烏鴉把頭朝向左邊。」讓他完全啞口無言。可是，就在那一瞬間，出現了「川湯溫泉　在前方」的告示牌。如何，很厲

1譯注：八咫烏在日本神話的三腳烏鴉，被當成嚮導之神來信仰，也被當成太陽的化身。牠的三隻腳分別表示天、地、人。咫則是把大拇趾和中趾撐開時的距離，約為十八公分。作者在後面有詳細說明。

害吧。

只不過這種「跟烏鴉問路」的方式，總共也只有這一次有用而已。果然還是得要在熊野的山裡面才會靈啊。

這件事，其實是源自於《古事記》及《日本書紀》中登場的八咫烏的話題。烏鴉常在世界各地的各種神話中出現，或被當成是死亡的象徵。反過來說，這就表示人們真的是非常頻繁的看見烏鴉，總是很在意烏鴉。

首先，就從日本的八咫烏開始介紹。日文是寫成「ヤタガラス」。咫唸成「ㄓˇ」，是長度的單位。由於一咫大約是十八公分，所以八咫就會是一百四十四公分，不過卻沒記載說到底是什麼東西的長度為八咫。假如是翼長有一百四十四公分的話，就是比渡鴉還要大的尺寸，若是喙部的長度有一百四十四公分的話，根本就是怪獸。但是由於八大概是指「很多」的意思，所以把「很多個咫」想成是「非常大」應該也還說得過去吧。

八咫烏是在神武天皇一行人在熊野山中迷路的時候，被派來幫他們帶路的鳥類。據說牠是三隻腳的大烏鴉。牠是熊野本宮大社、

▲我才沒有閒到要幫你帶路

熊野那智大社、熊野速玉大社的象徵，在熊野三山的社章上全都畫著八咫烏。不論是繪馬或是護符或是手布巾上也都是畫著烏鴉。雖然在起請文[2]上使用的牛王寶印上也畫著多數的烏鴉，不過這稱為烏文字，代表神社的名字（說是這樣說，不過我看不懂）。據說在起請文上寫著，假如違背誓言的話就會有三隻熊野的烏鴉死掉，而「殺死三千世界的烏鴉，想和主公睡個飽」的這種內容，則可以說是「遊女的起請文（誓約）那種東西忘掉就算了，熊野的烏鴉全部死光光也不關我的事」的意思，或是如果不情願的寫起請文的話，烏鴉就會死掉，所以就算把大家殺光光也想要早上賴床多睡點的意思（落語的「三枚起請[3]」是最後這個意思）。由於熊野三山原本就是把烏鴉當成神的使者來祭拜，所以身為太陽使者的八咫烏就是比這還要更高一層的「最強的神使」吧。

再加上，八咫烏也被認為是賀茂建角身命的化身，這是我後來才知道的。賀茂建角身命是出了鴨長明[4]等名人的賀茂氏的始祖，祭祀祂的是京都市的下鴨神社（賀茂御祖神社），也就是我調查烏鴉的場所。這完全沒什麼，就是在八咫烏的地頭進行烏鴉調查而已。祭祀八咫烏本尊的神社，有奈良縣的宇陀

2 譯注：起請文是從前日本人訂立契約時，會在神佛前發誓，說一定不會毀約的文件。

3 譯注：「三枚起請」是日本古典落語（有點像單口相聲）的表演主題之一。大意是在從前的花街柳巷中，某個妓女分別與三個男人立了將要嫁給對方的起請文，這三個男人發現之後，決定要一起讓妓女難堪的故事。

4 譯注：鴨長明，一一五五～一二一六，是日本古代平安時代末期到鎌倉時代的歌人、隨筆家，也是經典名作《方丈記》的作者。

▲傳說的鳥，烏鴉

市及橿原市的八咫烏神社。此外，由於橿原神社是祭祀神武天皇的，所以有八咫烏的護符（附帶說明的是，橿原市的市章上畫的是和八咫烏一起被派遣來的隼和金鵄5）。

雖然八咫烏最大的特徵是三隻腳，不過這並不是日本的專利，好像是源自古代中國的傳說。因為在古代中國好像有「三隻腳的烏鴉住在太陽的黑點中」的傳說。或者說黑點本身就是烏鴉，烏鴉是在太陽與地上之間來去的鳥類。腳有三根應該不是顯示其神性，就是由於在陰陽思想中把奇數視為陽數吧。在埃及也是把烏鴉視為太陽之鳥。換句話說，雖然烏鴉是黑漆漆的，卻是太陽的象徵。

在天亮前開始聽見烏鴉的叫聲，然後看見烏鴉接二連三的飛走。在傍晚時簡直像是在追著太陽般的，烏鴉成群在映著火紅夕陽的空中飛。這樣的鳥被認為是來自太陽，又要回到那裡去，也是無可厚非的。如此想來，派遣「太陽之鳥」接待「日之御子」一行人，是非常的理所當然。一般相信直接命令八咫烏的不是天照皇大神而是高御產巢日神，也就是高木神；從高高的樹上飛舞下來，也是相當符合烏鴉的印象。

此外，根據《古事記》，八咫烏是在下了山之後就結束其嚮導的任務，接下來則以斥候、先遣部隊的角色同行。先走在一行人前面宣布「日之御子馬上就要經過這裡」，然後回報「前面的部落是我們的友方」、「被那邊的一族射了箭」等等。烏鴉是情報通的這種印象，好像也是世界共通的。

在日本，烏鴉跟農耕也有關係。在舊曆年祈禱豐收，並進行「勸請烏鴉」的請神儀式來占卜當年的種田時期。這是把由播種時期不同的各種種子做成的麻糬獻給烏鴉，看烏鴉會吃哪種麻糬，再決定當年種田時期的儀式。雖然也有祈禱豐收而給烏鴉麻糬的風俗，但這大概是只有留下「讓烏鴉吃麻糬」的部分而已吧。雖然也會覺得「為什麼是烏鴉？」，但這也可能是由於日照是稻作的關鍵，所以應該也會洽詢身為太陽使者的烏鴉，並對烏鴉的「萬事通」形象有所期待。此外日本有「對於贏不了的對象就祭拜牠，請牠不要作亂」的基本原則，所以這也可能是具有為了不讓作物被吃掉或弄壞，就先拜託烏鴉討牠歡心的意思在。在京都的上賀茂神社有「烏鴉相撲」的儀式，扮演烏鴉的神職人員會「嘎啊、嘎啊」的邊學烏鴉邊進入土俵[6]。據說相撲是鎮壓踐踏大地的惡靈的儀式，所以在那裡加上身為太陽使者的烏

5審訂注：鵄，音同吃，古漢字，可能是指現今鳶屬（*Milvus*）的猛禽。

6譯注：在稱為「俵」的袋子中裝了土的稱為土俵，在此是用土俵堆疊起來的相撲競技場「土俵場」的簡稱。現代的大相撲用的土俵場是把土堆成每邊六•七公尺的正方形，在中央做一個直徑四•五五公尺的圓，讓相撲力士在裡面比賽，被推出那個圓的就算輸了。

鴉，就會讓儀式的效力倍增。縱然進入土俵時的情況就像狂言一般讓人感覺滑稽。

其他還有東京新橋的烏森神社的社紋也是烏鴉。雖然烏森神社是藤原秀鄉（俵藤太）為了感謝戰勝而建的，但是據說有白狐出現在夢中告知：「在神烏成群之地蓋神社。」所以那裡原本應該是烏鴉的老巢吧。

在東京府中的大國魂神社每年七月都舉辦李子祭，會分發烏鴉的團扇或摺扇。據說那是為了豐年祈願、驅除害蟲。根據《古語拾遺》，神明對當地的神生氣，在田裡放了蝗蟲讓當地完全沒有收成。雖然後來供奉祭品解消了神明的怒氣，但是當時也有被教導只要搧動烏鴉的團扇或摺扇就能夠防止蝗害。烏鴉能夠防治蝗蟲，這讓人回想起北海道實例的逸事。同樣研究烏鴉的朋友柴田佳秀先生有送我這把扇子，不過假如它能保祐驅除害蟲的話，我倒是想要拿來搧一搧博物館的收藏庫。

但是，烏鴉也是農業害鳥，在新潟縣的種田歌中似乎有著像「把烏鴉的頭敲成八塊來裝袋」等的可怕句子。牠們一方面是從天上派遣下來的太陽之鳥、是告知當年豐凶的神明之鳥，又是經常糟蹋農作物的害鳥。雖然這些印象基本上很矛盾，但是有時保護人有時作祟，這應該也可以說是獲得跟日本的神明們同等的對待吧。

◀神明？惡魔？
想要跟上人類豐富的
想像力實在很辛苦。

說到世界神話中的烏鴉，果然還是以渡鴉為主吧。在北美洲的原住民之間，經常會有渡鴉以祖靈的方式出現。此外也在創世神話中登場。在特林吉特人（Tlingit）的傳說中，渡鴉拜託老鷹從天界把火帶回來，並且把火種分給人類。以變化來說的話，有開放太陽、把天空的光分給人類等等，不過無論何者都獲得「把光賜與人類、傳授智慧」的破格待遇。在沒有雞的社會中，也許正是烏鴉的叫聲昭告天亮，帶來光明呢。

再根據其他部落的傳說，世界最初是被封閉在巨大的二枚貝中，一片黑暗。但是在這個時候，烏鴉撬開了這個貝，取出世界的各種東西到處散播，造出現在這樣的世界。的確，把二枚貝撬開，或是把食物搬運到各個地方進行分配（貯存食物），都是烏鴉會做的事。

另外還有別的部落傳說，最初的世界非常安樂，樹上有脂肪結實，水從高處往低處流，但是由於人類的墮落，烏鴉就讓這個世界變得有適度的不方便，讓人類得辛勤工作才能過日子。原來如此，烏鴉至今也經常幫人類找麻煩。點心被烏鴉偷走的時候，就應該把它想成是「啊啊，這是神要我減肥呢」。

從西伯利亞到北美的狩獵民族對渡鴉的印象，似乎也是像這樣從遙遠的高處往下界看，什麼都知道、什麼都看得很透徹的鳥。這可能是基於看到渡鴉總是在某處盯著人類做事、只要有屍體就會立刻探測到並湊過來、在人類進不去的森林深處會發出不可思議的鳴叫聲等行為的結果吧。渡鴉會在非常廣泛的範圍內飛來飛去，以聲音溝通交流，社會性非常發達，而且極為小心謹慎。傳說牠們會在找到獵物時就大聲鳴叫，把狼叫過來。此外在雪地上發現狼的腳印時，就會加以追蹤然後去分一杯羹；也有人說牠們會在聽見狼叫之後聚集。這些逸聞雖然大概有些被誇張的部分，不過可以想像渡鴉對於狼以外的獵人，例如人類，應該也會一直盯著看才對。

實際上，雖然不是渡鴉，不過巨嘴鴉似乎真的會跟在獵人後面。我詢問過的幾位獵人都說他們在捕獲獵物之後，烏鴉就會突然冒出來，也看過烏鴉的移動，覺得牠們很有可能是在獵犬後面追趕。在愛奴族的傳說中，去獵熊時會有烏鴉靠過來熊的冬眠場所告訴獵人，獵人為了感謝

▲膚色很白又有美妙的聲音……

烏鴉，就留了部分熊肉在山裡面，而且為了讓烏鴉方便吃，還會幫牠們掛在樹枝上面。由於狩獵民族經常把狼視為優秀的獵人並加以神聖化，像是狼的夥伴的渡鴉，大概也就因此而被視為神聖了吧。

北歐的渡鴉也獲得了接近神的地位。北歐神話的最高神是奧丁（Odin），在祂的雙肩分別有福金（Hugin，智慧）與霧尼（Munin，記憶）兩隻渡鴉。這兩隻渡鴉會在天亮時飛走，在世界上繞著看過一圈之後，在傍晚時回到奧丁身邊，分別從奧丁的左右耳告訴祂當天的全世界狀況。

因為如此，在維京人的旗徽或是飾章上就經常使用渡鴉的圖案。實際上維京人好像會把渡鴉帶上船，在尋找陸地時就把烏鴉放出去，把船駛往烏鴉飛走的方向。就算不是這樣，牠們也會跟著大軍及食物一起移動，所到之處全都變成充滿屍體的戰場，於是看起來就好像是維京人到哪裡，烏鴉就跟著到哪裡去了。

被維京人攻擊的英國也有著亞瑟王被變身成渡鴉的傳

▲雖然如此……順從的服侍也變成這個樣子

說，英國皇室與渡鴉有很深的關聯（這個可能是軍神般的印象）。據說克林威爾軍（Cromwell）穿過森林逼近保皇黨軍的背後時，由於烏鴉群開始喧鬧而讓保皇黨軍逃過一劫。此外，根據占星師的預言，當渡鴉滅亡時皇室就會有災禍，於是英國就在倫敦塔中很寶貝的飼養了幾隻渡鴉（長壽到超過六十歲的渡鴉就是其中的一隻）。只是很遺憾的，英國的野生渡鴉幾乎全部滅絕，好像只剩下康瓦爾地方還留有少數個體。

在希臘則是把烏鴉視為阿波羅的隨從（阿波羅也是太陽神）。據說在這個時期的烏鴉原本是白色且聲音很美妙的鳥類，但是由於打小報告說了阿波羅的戀人有外遇，而被生氣的阿波羅變成全身黑色，聲音也被剝奪了。雖然是神，也希望不要這樣隨便遷怒。

在前面已經介紹過維京人使用烏鴉來尋找陸地，不過在舊約聖經的大洪水部分也有烏鴉登場。諾亞從方舟放出鴿子，那隻鴿子叼著橄欖樹枝回來，讓眾人知道陸地出現了的這個逸聞是很有名的。但是比鴿子這種神的象徵還要早被放出去的是烏鴉這件事情則不太有人知道。因為烏鴉沒有回來（在美索不達米亞的同樣的傳說中，烏鴉確實有帶著大水已經退了的證據回來）。雖然好像有類似由於烏鴉在方舟中擅自繁殖所以被趕走、太拚命吃因洪水死亡的動物屍體而忘記工作等的說法，但是為什麼完全沒有出現「烏鴉雖然為了找尋陸地而一直不停地飛，但是由於大水還沒有退，最後就因為筋疲力竭而掉到水裡了」的這類想像，真是讓我無法理解。不，大概大家是認為「烏鴉怎麼會那麼認真」吧。（附帶要說明的，是在《杜立德醫生與祕密之湖》之中，烏鴉由於受不了方舟中的沉悶緊張而擅自離去，然後就去幫忙跟諾亞不同組的存活年輕戀人們。）看起來在聖經中的烏鴉比較不討好，不過也有神讓預言者以利亞

（Elijah）藏身在荒野中，然後讓烏鴉送食物過去的一節。要送實際的食物的話，烏鴉的確比鴿子要適合啊。

最近聽說的烏鴉相關傳說，是印度南部的故事。由於死者的靈魂在死後七日會變成黑白的烏鴉回到現世，所以要給牠食物。這裡提到的烏鴉很明顯的是家烏鴉（*Corvus splendens*）。雖然好像也會有全身漆黑的烏鴉來，但那就會被當成惡魔的化身趕走。這個就不確定是哪種烏鴉，不過以場所來說，我覺得應該是巨嘴鴉。在孟買附近的家烏鴉不知道為什麼完全不怕人[7]，會在街上晃來晃去，可能也是跟這種信仰有關係吧。

自由飛舞的鳥類是連結天界與凡間的使者，這種思想廣布於全世界。鳥葬等也是當成「鳥會將靈魂從肉體中解放，引導至天空」的變化之一，就可以理解了。在喜馬拉雅地方是除了禿鷲之外，似乎也會有烏鴉類（大概是渡鴉和巨嘴鴉）會來。

另外好像還有個世界共通的「烏鴉＝墳場」的印象。在有鳥葬習俗的社會這是當然的，而在並非如此的地區，人們也應當很平常的就會在荒野曝屍的周圍看到許多烏鴉聚集的光景。在日本可說只要有墳場的場景就會出現烏鴉，在歐美也有烏鴉站在墓碑上的圖案。英文中的raven stone是指「無名屍」的

7審訂注：印度的信仰主要是佛教和印度教，兩者都強調對生命敬仰及友善。因此，印度人比較不會傷害動物，可能是印度的野生動物比較不怕人的原因。我到印度賞鳥時也有深刻的體會，對觀察野生動物而言，真是相當方便的特質。

墓碑。德文中的 raben aas 更是直截了當的代表「渡鴉的（腐）肉」，就是指死刑犯或是處刑場的意思，也就是表示在被吊死或是斬首的屍體旁邊，有烏鴉聚集的淒慘景象的詞。因傳染病死亡的死者也會變成烏鴉的食物吧。實際上，聽說從前在發生傳染病或是饑饉的時候，連歐洲的市中心都會有渡鴉。

　據說奧丁原本就是位戰士靈魂被徵召到瓦爾哈拉（Valhalla，北歐神話中的天堂）一直戰鬥個不停的戰神，在凱爾特（Celt）神話中的「戰場之神」茉莉甘（Morrigan），或巴茲芙（Badb）的肩膀上也有烏鴉站著，或是會以烏鴉的姿態出現。在戰場上橫屍累累、有烏鴉聚集，應該是當時的常識吧。

　在中世紀歐洲是把烏鴉當成巫婆的隨從。此外，狼這種北方狩獵民族的狩獵之神，也經常被當成巫婆的隨從，或是被視為能變身成巫婆或巫師。雖然這裡可以解讀成是從狩獵文化轉向畜牧農耕文化的變遷，但是烏鴉和狼，好像總是帶給人類一種「與人為仇」或是「跟神

◀絕對不是壞人

有關（幫神跑腿）」的印象。從前賦予烏鴉的神性，現在已經變得很淡薄，牠是太陽之鳥的這件事也被遺忘，只留下不吉利的印象。這對喜歡烏鴉的我來說，真是件非常遺憾的事。

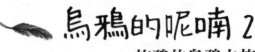

烏鴉的呢喃 2

旅鴉的烏鴉之旅

由於我每天都是看著烏鴉過日子，所以去到外地參加學會時，順便去看看烏鴉也已經變成習慣或是日常生活了。在札幌，我會配合丟垃圾的時間到街上逛逛，在博多則是在夜市收攤時的大清早尋找烏鴉，在東京則是背對著熱鬧的原宿眺望返回明治神宮的烏鴉。因為如此，烏鴉研究者的旅行總是要帶著望遠鏡。雖然鳥類學會的望遠鏡攜帶率比其他學會要高出非常多（先不管學會會場那些由於投影片的字很小而拿望遠鏡出來看的人，會拿出口徑三十毫米或四十毫米的大型望遠鏡，有時甚至是施華洛世奇或蔡司望遠鏡的只有鳥類學會而已），但身為烏鴉研究者，由於鬧街或市中心也會遇到觀察對象，所以跟其他人不一樣，總是要處於備戰狀態。換句話說，就是脖子上總是掛著一副望遠鏡。給人的感覺就是無比的怪。縱然如此，札幌薄野或是東京新宿歌舞伎町的年輕小哥們也還是會來拉客，且讓我在此表達我的敬意（不只是望遠鏡，一隻手上拿著筆記本，背上還揹著背包）。

在海外也是一樣。在布達佩斯時，我在多瑙河沿岸看到黑頭鴉時大為驚喜，看到西方寒鴉時照片拍個不停。在維榭葛拉德（Visegrád）看到名為「渡鴉」的餐廳立刻衝進去。在維也納的皇宮中，不停地觀察在草地上走動的黑頭鴉的行為。到了台灣沒去觀光，跑到山裡面去，看到期待很久的台灣藍鵲大為欣喜。只可惜當時剛好是換羽

季節，尾羽很短，讓我好生遺憾。

由於調查中是在尋找烏鴉，所以烏鴉就成為我活動的中心。在八重山的離島做調查時，雖然我站在白沙碧海的美麗海灘上好多次，卻連一次都沒有下水到海裡去，只有在海岸看烏鴉而已。有時還會被島上居民笑說：「你到底是來做什麼的。」

到北海道的知床也是只去看渡鴉而已。當我用望遠鏡捕捉到虎頭海鵰時，會發出「討厭，怎麼是老鷹」等這種會遭天譴的話，會說這種話的應該只有在尋找渡鴉的烏鴉研究者而已吧。要是平常時候，應該會遭天打雷劈死在當場吧。

雖然接下來想去新喀里多尼亞，不過菲律賓或庫頁島的巨嘴鴉的行為，或是聽說渡鴉非常不怕人的冰島也讓我很在意；而禿鼻鴉的繁殖，我也很想看看。在衣索匹亞的塞米恩高原（Semien）啄骨頭的厚嘴渡鴉，我也很想看本尊。

雖然夢想是無窮的，但是金錢跟生命是有盡頭的，絕對。

▲觀察烏鴉時的的裝扮

第三章

烏鴉的對應說明書

那並不是垃圾

塑膠袋+肉=?

在這一章中，我想要寫些關於「該如何順利跟烏鴉打交道」的方法。雖然標題是烏鴉的對應說明書，也就是「使說（使用說明）」，不過由於這也是鳥類學上的說明，要說這是「烏說[1]（鳥類說明）」也行。或者甚至可以把它變成少了一橫的「烏說（烏鴉說明）」呢。

我在上課或演講提到烏鴉時，經常用到一張照片。那是我大約在十年前碰巧在新宿拍攝到的。照片前方為堆得很高的廚餘，以及飛到那上面的幾隻烏鴉。背景則是剛下班的很像男公關的年輕男子們。在螢幕上先放這一張，然後再放另一張，渡鴉正盯著狼吃剩的鹿並準備要搶食，以及牠們後面的狼的照片。

「你們看，這兩張照片展現出來的是完全相同的生態學景象。大型動物吃剩的食物。要清理這些的腐食者也就是烏鴉。以及位於後方的肉食系動物。」

在聽眾沒有笑的時候，立刻放下一張投影片就是我的祕訣。

當烏鴉看到垃圾袋的時候，就會去啄或是去拉扯，很快就會把塑膠袋扯破。根據研究，牠們並不是看見什麼就啄什麼，而是會挑紅色或橘色系的地方啄。那應該是肉或果實的顏色吧。把橘子皮靠外側放的話，就像是在教牠們「這裡是目標」一樣，聽說牠們也會去找茶色的絲襪。

1 譯注：使用說明的「使說」發音跟「烏說」相同。

烏鴉非常清楚塑膠袋裡面裝有美味的食物。我在京都的公園裡看到的巨嘴鴉會停在垃圾桶上，把頭埋進去，叼住便利商店的塑膠袋往上拉，先用腳踏住壓著讓它不要掉下去，再把袋子裡面的東西一個個拉出來檢視。保鮮膜或是紙屑等不能吃的東西立刻就會「呸！」的丟掉，弄得周圍非常凌亂。牠們非常用力地丟，讓人很想建議牠們省點力氣，不必丟那麼遠也沒關係。對烏鴉來說，可能是假如沒有把不能吃的東西丟遠一點的話，要是跟食物混在一起就很麻煩吧。雖然我們是把垃圾分成「可燃」和「不可燃」，烏鴉則是把垃圾分成「可食」和「不可食」。正確的說法應該是「可以吃的東西」和「垃圾」。雖然對人類來說那全部都是垃圾，不過對烏鴉來說，那有很高的機率會是食物。

那麼，在講到烏鴉的食物時，曾經講過烏鴉是雜食性，也是腐食動物（scavenger，清道夫）。換句話說，烏鴉原本就是在看到屍體的時候會很高興的去吃的動物。烏鴉把喙部伸進垃圾袋中把內容物拖出來的樣子，也跟從動物的屍體中拖出內臟的行為完全相同。沒錯，所謂垃圾袋就是「被皮包覆著的肉」，也就是說，跟屍體是一樣的。從烏鴉的角度來看，清晨的路邊是「有很多好像很可口的屍體的地方」，在旁邊有人類站著，呈現的是「旁有狼群」的狀態。混有免洗筷或其他的東西，應該就像吃到很多小骨頭的魚一樣吧。換句話說，烏鴉翻揀垃圾吃的行為，跟翻揀在地面上的屍體是完全相同的，以清道夫來說是理所當然的行為。牠們並不是「適應城市」或是「因為山裡住不下去而勉為其難」，而是「由於有食物，所以就晃過來」翻揀食物了。牠們的行為，只不過是把森林裡的生活原封不動的帶進城市裡而已。

在北海道知床觀察聚集在北海道鹿屍體旁的巨嘴鴉時，我總是感覺牠們的行為就跟聚集在東京新宿垃圾收集場的烏鴉幾乎完全一樣。首先是聚集在周邊「Ka」、「Ka」的鳴叫，停棲在樹枝上確認狀況，再逐漸降到比較低矮的地方，好像在說「要不要過去呢？不過還是先不要好了」般的反覆先蹦的跳下去，又再回到樹枝上的動作。最後總有一隻耐不住的烏鴉靠近過去，小心謹慎地去拉扯肉的一邊。拉扯一下之後就跳著飛走，確認有沒有危險。要是什麼事也沒有發生的話，其他的個體也會陸續飛下來圍在旁邊，有時會前後換班開始吃起來。趕緊把肉塞滿一嘴之後就會飛到旁邊的樹枝上站著慢慢吃，或是躲到哪裡去。巨嘴鴉這種簡直就像是特化成為翻揀垃圾般的行為，就跟發現動物的屍體聚集過去時的行為一模一樣。

那麼，這裡再以生態學的觀點，來想想「為什麼都市裡有這麼多烏鴉」。鳥為了要存活，就必須要獲得資源。首先需要有食物，然後為了繁殖，就必須要有營巢場所。有時候為了雛鳥需要有特別的食物，還有時候會需要夜棲點。既有喜歡草叢當藏身處的，也有喜歡茂密森林的鳥。只要能夠獲得這類的資源，那隻鳥就可以在那裡生活。沒有的話就沒辦法棲息。

雖然你可能會認為這很單純，沒什麼，不過在大都市中生活的鳥，毫無例外的，得要以某種形式獲得必要的資源（或是找到代替品）來過日子。例如麻雀把換氣口或是水管當成「樹洞」來營巢，鶺鴒把馬路當成「枯水時的河床」走來走去。野鴿把建築物當成故鄉的「岩石山」來住。遊隼把高樓大廈視為「斷崖」營巢，烏鴉就把垃圾袋當成「成堆的屍體山」來加以利用了。

烏鴉是這麼看垃圾袋的

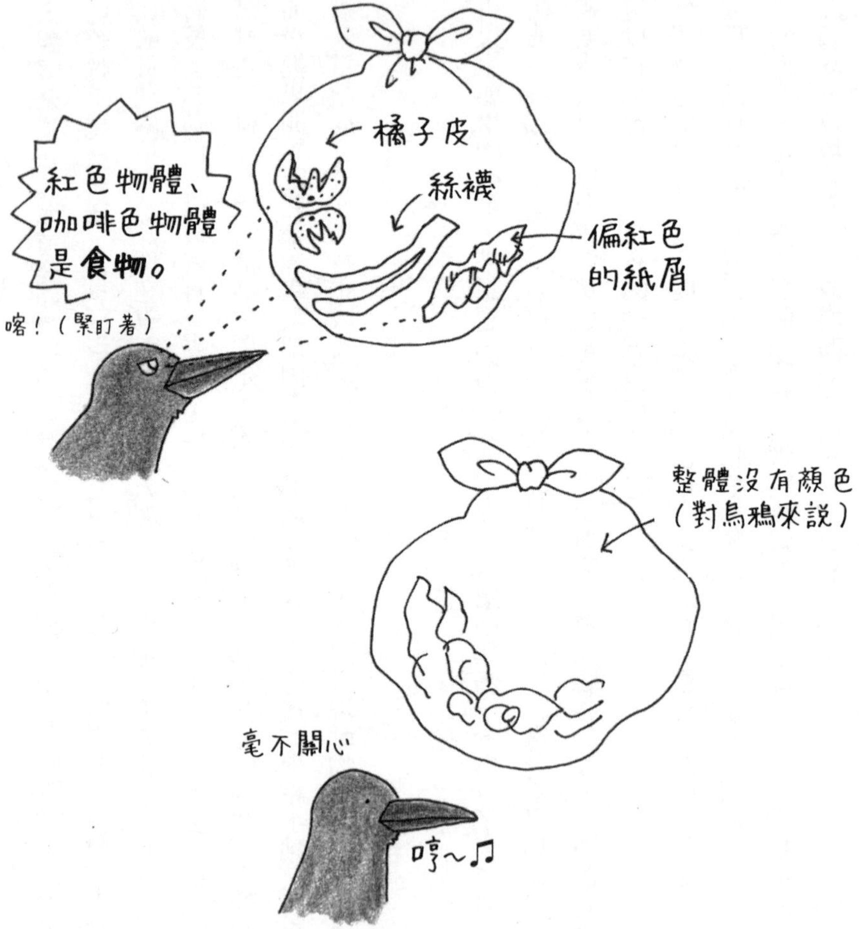
橘子皮
絲襪
紅色物體、咖啡色物體是食物。
偏紅色的紙屑
喀！（緊盯著）
整體沒有顏色（對烏鴉來說）
毫不關心
哼～♫

都市的生態系跟森林生態系不同之處，是生產者非常的少。原本應該由植物行光合作用合成有機物，利用這些有機物的動物在當地棲息，吃那些動物的動物也在那裡生息，就像這樣的讓「在那個地方能夠到手的物質」循環而成立的就是生態系。讓我們假設有一個小公園生態系。雖然在裡面有花壇或是盆栽，也有樹木，但是能夠在那裡生活的昆蟲數量其實並不多。以這些昆蟲為食的鳥類，應該也沒辦法住下多少隻。雖然在秋天可能會結果實，但是牠們卻一定沒辦法只靠著少少幾棵樹，而且是一年中只有很短的一段時期才會結實的樹來生活。所以，在公園裡面的鳥其實並不多。

此外，沒有特定的環境就無法生長的植物，在都市中是沒辦法生長的。只吃那些公園裡不會種的植物的昆蟲，也沒辦法住在都市裡面。由於都市的生態系就像這樣的逐漸被分斷化、單純化，所以一般會說「都市的生態系很貧瘠」。

可是現實生活中，烏鴉利用的食物全都是在不同的場所被栽培、飼養、漁獲而來的。那就是人類的食物。這些在經過流通、購買的過程後，變成除了人類以外誰也無法利用的狀態來到都市。何況它們的產地原本就不一樣，根本就不是存在於都市中的生態系。這些物質在變成垃圾被放在街角的瞬間，才開始進入生態系。

換句話說，都市雖然缺乏生態系的基礎元素，卻是個會不停的有吃剩的食物被丟出來的奇妙場所。這裡，就誕生了對清道夫們（腐食者）來說非常棒的世界。把垃圾放在路上，就等於在餵烏鴉吃東西。在東京只有烏鴉的數量很多的理由極為單純，其實就是對烏鴉來說，食物資源非常豐富，這樣而已。

原本巨嘴鴉不會在太矮的樹木或醒目的場所築巢。牠們之所以會堂而皇之的在澀谷的十字路口，或

烏鴉不動產推薦物件

獨占澀谷的十字路口！！
・靠近車站！
・距離便利商店很近！
・非常適合購物！

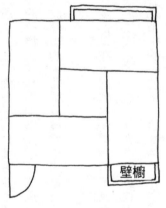

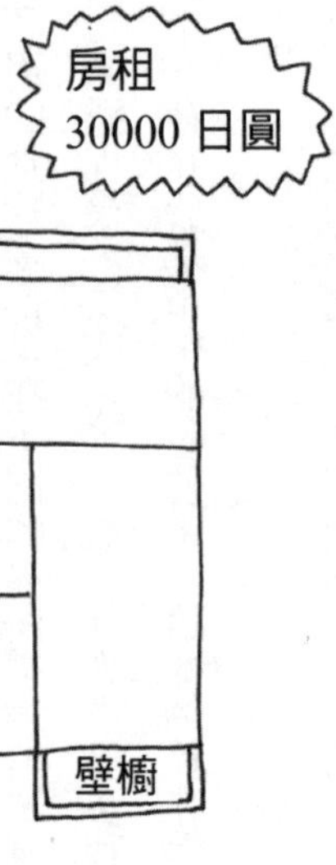

木造兩層樓建築／屋齡 1 年
押金 0　共用衛浴
謝禮 0
地址：東京都澀谷十字路口。

是住宅區的電線杆上築巢，是由於那裡是極佳的覓食場所，而且又沒有其他的營巢場所。換句話說，就很像是公寓條件非常惡劣，但是卻「離車站近、方便購物、離便利商店非常近」的物件，僅此一家，想放棄卻又過於可惜般的環境。在我住的公寓附近，每年都會有巨嘴鴉想要來築巢，這裡有小小的神社，有樹木，附近也有小小的公園。有許多樹的確不壞。但是那全都是落葉樹，樹高也不太夠。路過的行人也不在少數。但是牠們為什麼會想在這裡築巢呢？那個理由一定在於眼前就有拉麵店、居酒屋、咖啡廳及中華餐館，再加上在極近距離內有保護得不太好的垃圾收集場，而且附近沒有適當的樹吧。去年在神社跟公園的樹上築的巢都被撤走了，不過牠們好像是看開了一樣，開始在能夠往下眺望中華餐館的電線杆變壓器上營巢，可是在還沒完成之前，巢就被打下來了。今年雖然沒有看到巢，不過好像是在鐵軌的另外一邊，也就是我不會經過的那邊營巢。牠們會來吃東西。也就是說，這附近是好到絕對不想放棄的覓食場所（實際上，牠們每年都會帶出兩到三隻的幼鳥，繁殖成績並不壞）。

資源量的不同，也會影響到領域的大小。根據黑田長久的研究，在一九七〇年左右的東京赤坂附近，巨嘴鴉的領域是四十九公頃。但是在同個時期的澀谷，領域是六公頃左右。理由是在鬧街上有很多食物、在大樓多的街上視野不遠，就算領域接近也不容易吵架等等。我是在一九九〇年代末期於京都市觀察烏鴉的，那個時期的巨嘴鴉領域差不多也是六到十公頃，應該是跟二十到三十年前的東京都心很相似。要是在農地多的郊外，領域的單位面積就會擴大到數十公頃，一般認為在山裡面的話，活動範圍大概就是以公里計了吧。假如是直徑一公里的圓，面積會是七十八．五公頃，和鬧街裡的領域面積差了一位數甚至兩位數，這就表示鬧街中的食物真的很多。

話說回來，香魚具有領域的這件事應該是眾所周知的吧。不過香魚在食物過多的時候，領域就會消失。由於當食物很多的時候，不必特地把別人趕出去好獨占食物也能夠吃飽，所以耗費能量去保衛領域反而就成為一種損失。跟這個相同的狀況，曾經在上野公園的巨嘴鴉之間發生。根據福田道雄的觀察，在上野公園中，每隔十到二十公尺就會有烏鴉的巢，雖然牠們會防衛巢的周圍，但是在覓食場所（公園周邊的鬧街）則變成是共用的。也就是說，當時的上野就是那樣的烏鴉天堂。從現在的垃圾量並沒有當時那麼多，以及巢會被撤掉的事情來看，狀況是比當時要來得穩定。

但是就算是在大都會，烏鴉也不能夠輕鬆的過日子。在育雛時期計算巢裡的雛鳥數量時，有時會發現雛鳥突然少了一、兩隻。在大學的校園裡找到巨嘴鴉的巢，看到親鳥平安無事的養大三隻，但是才想著雛鳥應該再兩、三天就會離巢了的時候，就連著下了三天颱風級的豪大雨。到了第四天，我在雨中去觀察牠們，可是卻只看到一隻濕淋淋的離巢幼鳥。另外兩隻應該都沒能活過那場大雨吧。到了夏末，我在巢的下方發現了小小的飛羽，我以為是剛長出來的羽毛掉下來，從落葉之間撿起來一看，發現那上面還黏著細小、乾枯的骨頭。不知道牠是不是從巢裡掉落下來的。連一次也沒有飛過就已經回歸大地的小烏鴉，其實數量並不少。

就算獨立了，也不一定就能夠存活。京都市的圓山公園裡有烏鴉群，在裡面有羽毛很零亂沒有光澤，身體很小，努力裝可愛（？）來索食的小嘴烏鴉。對牠來說，由於強悍的個體就在自己後面，所以若是不接近人類就會要不到食物，在人類的旁邊就不會有別的烏鴉靠過來，不過太靠近人類這般的危險也不該犯。雖然那隻弱小的烏鴉起初應該也是抱著「為了更大的利益，只好犧牲小的利益」般的必死決心接近人類，沒想到試過之後發現那出乎意料的沒有問題。所以牠就變得非常親近人，只要看到人就會飛奔過來。因為牠的飛羽實在太過破爛，沒辦法飛得很好，像這種孱弱的個體也經常會感冒，半閉著眼睛「啾」的打噴嚏。當條件稍微變差的時候，可能就是從這種個體先喪命了吧。

食物資源明明就很豐富，為什麼還會這樣呢？你也許會這樣想，不過動物就是在達到資源量的極限為止都會持續增加數量的。而且在到達極限的時候也不會停止增加。沒辦法存活的個體增加，到和增殖拮抗為止都會持續增加。此外，垃圾的總量與烏鴉填飽肚子的程度也不一定一致。這是因為有著同時能在這邊進食的族群數，或是到收垃圾的時間為止的限制。若是以吃到飽的餐廳來做比喻的話，就是雖然有大量的食物，但是桌子卻很窄，客人沒辦法同時伸手拿，而

且餐廳的關門時間很早，於是就在此產生了競爭。

我在〈烏鴉的一生〉裡也有寫過，在烏鴉的成長過程中有著好幾個試煉。在離巢後還沒能飛得很好的時期容易遭遇意外，獨立之後是否能夠在年輕烏鴉之中存活也是問題。一般來說，鳥類最難活過第一個冬天。除了寒冷之外，是否具有實力能夠撐過沒有食物的時期就是關鍵。

這在烏鴉應該也是一樣的。因為若是為了要撲殺烏鴉而設下陷阱的話，很明顯的從秋天到冬天的捕獲數量最多，而且捕獲的大半是年輕個體。成鳥很少被捕捉到。若是詳細分析捕獲數量的變化，就會發現在幼鳥獨立的秋天會增加，在嚴寒期再增加，然後在早春時會再增加一次。我認為秋天的巔峰是由於離巢個體和沒得到充分食物的個體會中陷阱。春天的巔峰是繁殖個體防衛領域的行為會加強，讓沒地方去的非繁殖個體找不到食物，然後掉進陷阱裡。

假如離巢的兩隻幼鳥順利存活下來的話，隔年就會追加跟繁殖配對同樣數目的烏鴉。假設有兩萬隻烏鴉，其中一半的一萬隻是繁殖個體的話，隔年就會變成三萬隻。可是即使沒有撲殺，也不曾看過這種增加速度。

也就是說，即使放著烏鴉不管，在冬天的期間也會死掉相當多。「每年兩隻」的離巢幼鳥數，應該就是把這列入估計之後的結果。

可是到目前為止，在東京到底有多少年輕鳥類死掉，並沒有做過仔細的調查。鳥類的生存率，原本就是很難調查的。例如用腳環或是翼環做標識，對手是有翅膀的，找不到標識個體並不能斷言牠就是死掉了。因為牠有可能是到別的地方去了，也有可能是標識脫落了。所以要推測族群動態是非常困難的。

其實就算是對於族群數本身，也並不是知道得很明確。

「東京的烏鴉有幾萬隻」等的報導，是計算進入夜棲點的烏鴉數量的結果。只不過由於東京的烏鴉夜棲點不只一處，因此是計算複數的夜棲點之後再把數字加起來。可是當被問到「還是可以數吧？」的時候，也不是說不可以，但是需要相當多的附帶條件。

第一，牠們的夜棲點並不是固定的，由於夜棲點本身會移動，所以若是沒有好好追蹤的話，就會看漏算錯。有多少烏鴉會進入夜棲點，也不是非常確定。至少在東京的烏鴉是非常隨便的。原本繁殖個體就有不會回到集體夜棲點的例子，也有少數會自己到某處去睡覺的個體。像這種「不起眼的睡覺個體」究竟有多少，也完全不清楚。

此外，說是「東京的」烏鴉也是有語病的。由於對烏鴉來說，東京都這個行政單位對烏鴉來說並沒有意義，所以在東京都內的夜棲點裡的烏鴉，並不保證不會到埼玉縣或是千葉縣、神奈川縣去。反過來說，也不保證沒有從周圍的夜棲點到東京都內覓食的烏鴉。在東京都進行的族群調查，是針對東京都內主要的夜棲點計數，我能夠理解那個目的是要把握大致的傾向，不過還是要提醒大家有必要記得「也有沒有被計算到的夜棲點」及「夜棲點也有流行與否」的這些點。特別是在對已經調查過的夜棲點數量及場所不同的調查結果做比較的時候，更要加以注意。

總而言之，在經過這麼多階段的但書之後發表的數目是，東京的烏鴉在一九九九年時大概為三萬隻，二〇一〇年時少於兩萬隻。只是，我們也不能夠很單純的就高興說好棒，少了一萬隻以上！

東京都採取的對策有三。一個是用箱型陷阱捕捉的撲殺。一個是把巢拆掉。原本鳥類的蛋或是雛鳥

▲好像不會遷戶籍。

是會被嚴重保護的，但是在東京都的鳥獸保護相關條例中的烏鴉對策，是即使有蛋或雛鳥，也還是准許把巢拆掉。第三個則是改良垃圾收集場所，出借防烏鴉用的各種道具，以及重新檢討垃圾收集方法的烏鴉對策。在這幾個對策之中，最有名的是捕殺。被指責「快點想辦法」時，最能夠直接說「已經採取對策！」的是捕殺，而且以話題性來說，也最容易被報導吧。可是捕殺的效果如何，其實並不清楚。

就像前面已經寫過的，即使放置不管，也會有相當數量的年輕烏鴉死掉。然後最容易踏進可疑陷阱的，是最飢餓的個體，也就是「不在這裡碰碰運氣的話，明天一定會死」的個體。在看見一隻烏鴉進入陷阱中吃東西的時候，「耶！我也要我也要」般的跟進去的笨蛋，大概也沒辦法活太久。因為獲得充分的食物，而且很小心謹慎的個體只會在後面靜靜的看著。這也就是說，捕殺的個體很可能都是那些即使放著不管，也活不過春天的個體。要是有人說光是早死幾天，至少那個部分的垃圾也會少被弄亂一些的話，確實是也沒錯啦。

不過光是以控制個體數量來說的話，東京的烏鴉是再怎麼抓也抓不完，不會少的。例如東京都發表的二〇〇一年「東京的烏鴉個體數」，是三萬六千四百隻。從二〇〇二年開始捕殺，在這一年大約捕殺了一萬兩千隻烏鴉。也就是說，在春天時的烏鴉數量應該變成兩萬五千四百隻。可是在二〇〇二年的個體數調查結果是三萬五千隻，也就是只減少了一千兩百隻。個體數調查大概是在冬季進行的，捕殺也是在秋天到冬天之間增加，而且並不可能是在二〇〇二年的調查時大多沒捉到，在調查後才突然抓到一萬隻……

從三萬六千四百隻變成三萬五千隻，這就像是在爭論剛剛看到的那群飛過去的烏鴉到底是一百隻還是九十七隻烏鴉般的沒有意義；而且就算不管這一點，填補被捕殺的那一萬多隻烏鴉，到底是從哪裡來的呢？在考量到烏鴉的生活史時，可以想像當年輕個體不見的時候，只要牠的親鳥還在，就會再度繁殖補充。要是殺死的是親鳥的話，接下來就是在尋找領域的年輕配對會進來占據地盤，數量還是不會那麼容易減少。總之若是每年都會增加那麼多的話，為了要減少數量，要不是持續捕殺非常大量的個體的話，就不會有效果。實際上，東京都的累計撲殺數量已經超過十萬隻了。

相對於捕殺數量，增減數量卻很不安定的這件事也很令人掛心。原本成為增減判斷基準的個體數推測就有很曖昧的部分，有些年度的減少數量很接近捕殺數量，但是也有反而是增加的年度。雖然全年捕捉了一萬隻以上的個體，卻完全看不出到底有沒有效果。

當然，要是能夠推測出繁殖個體數或是出生的雛鳥數的話，也有可能當成判斷增減的標準，但是在東京的烏鴉繁殖個體數或密度幾乎沒有被調查過。根據松田、黑澤等人的研究，可以推測出東京是被由數公頃到十公頃左右的領域給填滿了的。不過只有這樣，就只能做出相當粗略的推測。

此外，根據同一個研究，東京的巨嘴鴉的離巢幼鳥數大概是兩隻。出人意料的普通。只不過由於調查過的巢有大約一半被拆除，在把這個也算進去之後，平均的離巢幼鳥數會變成一隻。

話說回來，「因烏鴉而造成的損失」數量最多是在二〇〇〇年代初期。那也是媒體最常報導的「高峰」時期。只要媒體一報導，通報「這麼說來，我也（被烏鴉這樣那樣）」的人數就增加；而「既然連媒體都已經在報導了」，就會被視為重要。此外，由於大多是地方自治體的承辦人等接受採訪，所以認為「只要跟公所說的話，應該就會幫忙處理吧」而打電話來的人就增加，大概就是這樣的機制。雖然因為在那之後的報導熱潮退了，讓烏鴉的損害報告減少，但是實際上的狀況究竟變成如何，其實並不清楚。只不過烏鴉巢的拆除及捕殺仍然一直在繼續。

防鳥鴉道具的效果

覓食效率與環境承載量

那麼，在前一項已經討論了「由於食物非常豐富，所以烏鴉的數量也很多」。既然如此，只要減少資源量的話，能夠在這裡棲息的烏鴉數量也應該會減少才對。在某個場所到底能夠容納多少數量的烏鴉、在那裡的資源究竟夠幾隻烏鴉用，這個指標稱為「環境承載量[1]」。由於東京對烏鴉來說的環境承載量非常的大，所以（若是想要減少烏鴉的話）只要降低環境承載量就好，這就是垃圾對策。但是因為不管再怎麼殺，烏鴉都會再繼續出生或是搬進來，所以根據推測，只要把東京都變成食物條件很糟的場所，牠們就不容易繁殖，需要面積很大的領域，讓繁殖密度下降，從別處流進來的烏鴉也應該會減少吧。如此一來，就沒有必要每年花幾億日圓來捕殺烏鴉了。

可是讓垃圾消失是不可能的，要減少也不是件容易的事。像寫在序文中的，我們每天都是汲汲營營，不吃飯就沒辦法活下去。要支撐超過一千萬人口的胃袋的結果，一定會產生廚餘。從而比較現實的做法，是想辦法讓烏鴉不能夠翻揀垃圾。

東京都把垃圾問題也列為烏鴉對策之一，地方自治體會借網子給民眾，有時也會對垃圾收集場進行改良。一般來說，對策在住宅區的普及率是壓倒性的高。因為對住宅居民來說，會被散亂垃圾困擾的是把垃圾拿出去的本人，所以會立刻採取烏鴉對策。效果不彰的話還會即刻改善。

1審訂注：環境承載量（carrying capacity），環境內所提供的資源，能讓某生物完成生命周期的最大容許量，通常以某生物族群可以在環境中共存的最大數量作為指標，超過這個數量就會產生激烈的競爭，部分個體死亡或離開。

而另一方面，當烏鴉在鬧街上翻揀垃圾的時候，餐飲店的工作人員們並不在場。等他們上班的時候，已經都打掃乾淨了。所以若不是像站前商店街那樣，住家和店鋪在一起的話，就不會直接受到干擾。當然，那會依照地區的希望或是行政的對策等形式來執行（在我聽到的消息中，在拜訪經營者而非店長的時候，只要對著對方哭訴，通常就會採取對策）。

我很喜歡什麼都有賣的大賣場，有事沒事就會去逛一逛。在入口附近的園藝相關用品之中，一定會放的東西是「防鴉商品」。而且那些商品的名稱都還很別出心裁（？），會取些類似「烏鴉逃走」或是「懸吊烏鴉」一般的名稱。基本上就是掛些看起來像烏鴉的東西讓牠們害怕，或是用會發亮的東西把牠們趕走，其中甚至還有號稱能夠用磁力來把牠們趕走的呢。那類的商品，真的會有效嗎？

整體而言，沒什麼用。烏鴉最初會小心，但是馬上就會習慣了。特別是「總是在那裡，對自己的行為一切沒有反應的東西」根本是沒在怕的，馬上就記住了。不過話說回來，要是裝設那種只要有烏鴉接近就會動的，像機器人般的東西又很麻煩。真的要做的話，只能時不時就交換防止烏鴉的道具，讓牠們不會習慣那樣東

西。這時候假如不是抱著「嘿嘿嘿，我可是有新的祕密武器喔！」般的，半遊戲的感覺來弄的話，一定會因為焦慮而把胃給弄壞。因為對烏鴉來說，這可是拚命的事，才不會那麼簡單就被趕走呢。

此外，假如是家庭菜園的話，用防鳥彩帶或是像稻草人般的東西應該就夠了。這是因為烏鴉是等作物成熟，到了差不多可以收成的時候才會來吃。不論那是番茄或是西瓜都一樣。然後，由於烏鴉比較早起，所以牠們通常都是在人類預定「好，今天要來採收啦！」的那天清晨來吃（所以就更討人厭）。反過來利用這一點，在預定要採收的一天或二天之前裝設防止烏鴉的道具應該不錯。在烏鴉產生警戒心的那幾天之中收穫作物，這一招應該是可行的。

相反的，再怎麼看都像是沒有效的，是使用磁力的道具。在廣告文宣上面打的是「由於鳥在遷徙的時候是使用磁力，所以只要用強力的磁鐵讓牠們的磁場變亂的話，鳥就會因為不舒服而不靠近」。的確，候鳥能夠感覺磁力是大家都知道的。只不過那是在陰天看不見天空時的輔助手段。平時牠們還是靠著看太陽或是星星的目測航空法來飛行。而且首先，這裡講的並不是遷徙，而是在講烏鴉要不要到眼前看得見的食物那裡去。讓鳥不舒服到不會接近食物

的磁力異常，還真是無法想像呢。

十年前左右，鳥害研究所（現在的中央農業研究所）曾經做過一種實驗。在食物台下面放一塊磁鐵，看鴿子的聚集方式。磁鐵是放在鴿子看不見的地方。結果鴿子的數目，跟磁鐵的有無一點關係也沒有。假如「應用磁鐵的力量」製品有效果的話，那也應該不是磁鐵，而是「稻草人」有了效果才對。

最近經常看見黃色的垃圾袋。我也聽說過「烏鴉討厭黃色喔」的說法。我猜那應該是來自烏鴉研究者參與開發的垃圾袋是黃色而產生的誤解。

這種垃圾袋是半透明的淡黃色。我聽說那是利用從鳥類的眼睛看出去時，會看成不透明的黃色的效果。由於鳥類的眼睛具有增強原色的機能[2]，所以即使人類看起來是淡黃色的，在鳥類看起來也是呈現非常鮮豔的黃色。

也就是說，對烏鴉來說是非常鮮豔的黃色，完全看不見袋子裡面的東西。由於烏鴉是以視覺尋找食物的，會往確實有食物的地方去。不過問題是「看不看得見裡面」，所以並不一定需要是黃色的（但是因為淺紅色通常是用來裝危險物品，所以黃色比較方便）。這種垃圾袋的創新效果在於只有烏鴉看它是不透明的，人類看起來還是半透明的，所以能夠安全的進行回收作業。

現在想先請還記得不透明黑色垃圾袋時代的朋友們回想一下當年。烏鴉會因為看不見垃圾袋裡面就手下留情嗎？在「不知道哪個垃圾袋中有美食」的狀況下，烏鴉應該是把所有的垃圾袋都弄破吧。換句話說，若是這種垃圾袋變普及，效果應該也會變差。

此外，我也在大賣場中看過「烏鴉討厭的黃色網子」這種商品。一來烏鴉既不是討厭黃色，二來網子又可以隔著網目看到裡面，所以應該是毫無意義才對（不過這個商品又同時宣傳「喙部沒辦法伸進去的細小網目」、「用鏈條編織，可以防止網子被提起來」，反而是這兩句比較有意義）。

再加上包含烏鴉在內的鳥類嗅覺一般都極為遲鈍，想要用特定的臭味把牠們趕走也是沒有用的。那個氣味要是強烈到連烏鴉都能聞到的話，人類也不會接近。人類感受不到，但是對烏鴉很有效的物質，到目前我還沒有看到過。

這樣寫下來，就會感覺像是「沒辦法把牠們趕走、沒有烏鴉討厭的顏色」般的，全都是沒有沒有。沒錯，對付烏鴉，並沒有特效藥。前面也有寫過，對烏鴉來說覓食是件拚命的事，對這樣的對手想要「只用這個，就能很輕鬆的」把牠們趕走，也實在是太過樂觀了。

目前最確實的方法，是「物理性的，不要讓烏鴉接觸到垃圾的狀態」。只要接觸不到的話，不管聚集了多少隻烏鴉，或是牠們再拚命 KaA、KaA 的叫「好餓好餓」，都不會有垃圾被弄得亂七八糟的情況產生。

這有好幾種方法可以處理。最簡單的就是在垃圾袋上面覆蓋網子。然後是裝在垃圾桶裡。工程最浩

2審訂注：日行性鳥類的眼睛內，感受顏色的錐狀細胞占百分之八十，感受光線的桿狀細胞約占百分之二十，人類的錐狀細胞則僅約占百分之五，所以對顏色的敏感程度比人類高出許多。

大的是整個被覆蓋起來的垃圾收集場。

覆蓋網子是從很久以前就很普及的方式。以前是隨手拿高爾夫球網等來覆蓋，現在則有網目很細，在邊緣還織入重錘的專用品。這是因為假如網目大的話，牠們的喙部就能夠伸進去，網子要是輕的話，只要一拉扯就能夠移動網子。我聽過有兩隻烏鴉一起出現，一隻把網子提起來，另一隻把垃圾拉出來的例子。不過我認為這並不是由於牠們在合作，而是當有一隻在「呵喲」把網子提起來的時候，另一隻從旁邊插進去搶食物吃。覓食中的烏鴉，通常是不會有任何合作體制或是義務感的。

雖然網子是種很方便的方法，不過也由於很方便，大家隨便弄弄就沒有效果。在我住的公寓周圍，放置垃圾的方式非常多樣，有把垃圾覆蓋網蓋得好好的，確實達到防烏鴉效果的公寓，也有雖然有垃圾覆蓋網，卻讓烏鴉盡情吃到飽的公寓。被烏鴉吃到垃圾的理由很簡單，純粹是由於沒有把網子蓋好。而在這種場合，通常是垃圾太多，超過網子能夠包覆的範圍。或者是來丟垃圾的人，在丟完垃圾以後沒有把網子蓋好。的確，在早上很忙很趕的時候，要把別人拿出來丟的廚餘好好堆起來、再蓋上網子、還放上很重的石頭去壓……一點都不想做這種事情的心情，我也不是不能了解。不過更過分的，就是由於網子的尺寸不夠大，就把垃圾直接放在旁邊，什麼措施也沒有做的人。

使用垃圾桶，是獨棟建築比公寓常用的方式。其實東京都是在推廣利用垃圾桶。只不過好像是由於放置的場所、洗手的麻煩及場所都是不小的問題，所以在有困難的時候，就變成拿垃圾袋出來也可以了。並不是說直接把垃圾袋放在外面是不守規定。

把網子好好的覆蓋在垃圾袋上，是防止烏鴉把垃圾弄得散亂一地的有效方法。

對我們來說，這真是個好親切的垃圾收穫場所。大家也是只要找到一家好吃的店，就會時常去拜訪吧。我們也是一樣。像這麼棒的場所，當然也會來好多次啊。

只要能確實的正確使用垃圾桶，會是有效果的。只要把蓋子蓋好，烏鴉就很難把它打開。因為對烏鴉來說，牠得站在垃圾桶蓋的把手上，自己跟著蓋子一起旋轉，才有機會能夠把它打開。

只不過當有好多個垃圾桶排在一起的時候，情況就又不一樣了。因為在不停的啄隔壁的垃圾桶時，蓋子有的時候會旋轉，然後打開。另外，由於塑膠垃圾桶會因紫外線而劣化，所以固定蓋子的部分有時候會裂開。結果就是變得讓烏鴉比較容易去翻揀垃圾，不過還是比直接放置在外要有效果。可是假如蓋子沒有蓋好的話，烏鴉就會想辦法要把垃圾拖出來。在這種時候，烏鴉的不屈不撓可真是令人敬佩呢。

接下來要講的，是垃圾收集場本身的結構。在有猴子或是熊出沒的鄉下，垃圾收集場一般是用堅固的鋼筋及鐵絲網組成小屋狀，讓動物無法出手。即使沒有做到那麼堅固，只要有鐵絲網和圍牆的話，就充分能夠阻擋烏鴉了。所以若是能夠在公寓的公共空間中做個有圍起來的垃圾放置場，大概就能夠解決問題。我住的公寓就是用這種型式來收垃圾，在這五年間垃圾被烏鴉亂翻的次數只有一、二次，而且是烏鴉很勉強的從圍牆的縫隙把喙部伸過去，硬把垃圾拉出來的狀況。只要把垃圾堆到垃圾收集場的後方角落去，就可以避免這種狀況發生

（平常是這樣，不過偶爾有垃圾比較多的日子）。在附近也有用浴缸的蓋子或是用紗窗做成的臨機應變型有圍牆的垃圾收集場。

不過這是在有專用的垃圾收集場的情況。若是放在馬路邊上的話，就不太可能在那裡用鐵絲網圍成柵欄。在土地空間狹窄的都會區更是如此。

在東京都品川區等也有裝設了摺疊式回收垃圾箱的地方。由於平時是沿著馬路護欄摺好放著，即使是在步道上也不會太占空間。只不過這個東西本身跟設置是要花錢的，所以好像沒辦法在所有的地方都配置這樣的東西。結果就變成「要在這上面花多少工夫和金錢」的問題。

雖然如此，就算沒辦法完全隔開烏鴉，只要讓覓食場所的效率變差，牠們還是會換地方的。另一方面，牠們會把比別處容易找到食物的地方當成覓食場所。所以既有就算採取的對策並不完全，卻也還是不會被烏鴉亂翻垃圾的場所，也有烏鴉無論如何都要克服障礙去翻垃圾的地方。在考慮防止烏鴉的效果時，應該要考慮的是「跟其他覓食場所比起來是比較好還是比較壞」。反過來說，即使已經採取對策而且成功趕走過一次，當周圍地區的對策變得比這方完全時，還是有可能再被烏鴉盯上的。

接下來就來介紹幾個我對「遮蔽食物」這種方法的效果所做的觀察例子。

當我還是研究所研究生的時候，在我老家到公車站之間，有個總是被巨嘴鴉亂翻的垃圾收集場。後來那裡總算在垃圾上面覆蓋了網子。

於是，烏鴉就立刻轉變成集中去翻別的垃圾場了。不知道是不是口耳相傳，知道了蓋網子是有用的，那個垃圾收集場也被蓋上網子。隔年，烏鴉就放棄了普遍有蓋網子的地區，把活動範圍擴展到了北側（而且還跟原本住在這附近的小嘴烏鴉吵架）。可是當這個新天地也開始在垃圾上面加蓋網子之後，牠就再往北、再往西，像是在躲避網子般的一直改變自己的活動範圍。而且在這個期間，離巢幼鳥的數目有變少的傾向。看起來加蓋網子封住食物，對烏鴉來說真的是非常傷腦筋的狀況。

雖然為了要寫論文而收集的數據就到這裡為止（說是在收集數據，不過也只是在五年間來回老家的時候，每次看到烏鴉就做紀錄而已），不過在那之後，烏鴉的活動範圍擴展到很大，把到當時為止曾經造訪過的區域統統圍起來，當成自己的領域。然後在那邊一口、在這邊一口的，到處找當天沒有顧得很好的垃圾收集場，或是吃在回收時掉出來的垃圾。這個基本上就是「由於資源量的減少，就要掌握廣泛面積的領域」。這對烏鴉擴張的領域，應該是把原本在那附近的巨嘴鴉統統趕到遠方去了吧。也就是說「由於環境承載量減少，烏鴉的數量就減少」。

此外，當繁殖配對數減少的時候，巢的數目也會減少。這也相當於有可能來攻擊路上行人頭部的烏鴉會減少（關於攻擊，會在後面繼續說明）。然後繁殖配對減少、離巢幼鳥數也減少的話，烏鴉的增加率就會變小。所以最穩當，而且能長期性持續抑制烏鴉數目的方法，應該就是在於「不讓烏鴉接觸到垃圾」。

除了不讓烏鴉接觸到垃圾之外，還有另外一種手段，就是改變收集垃圾的規則。

例如在和東京都同為大都市的大阪的烏鴉很少。雖然有比以前增加的感覺，不過整體來說，跟東京

比較起來，烏鴉的數量還是壓倒性的少。雖然我認為大阪的綠地少、商店街很多都是拱廊式也是原因之一，不過最大的理由，應該是在於收垃圾的速度很快吧。在道頓堀附近觀察時，發現才剛過凌晨三點，簽約業者的垃圾車就已經火速來到，用極快的速度把垃圾統統收走。凌晨三點，就連烏鴉也還沒開始活動。等到烏鴉睡醒出來的時候，大半的垃圾都已經消失了。雖然還有剩下一點，卻也已經不是能夠吸引大量烏鴉般的，具有魅力的覓食場所了。

假如是在東京，垃圾車是在七點左右開始收垃圾，到了八點時還有垃圾車在外面。在這個期間，烏鴉仍在繼續進食。雖然新宿也曾經實驗性的實施過清早收垃圾，但即使是在清早，對於要制烏鴉的先機也還是太晚，而且沒什麼效果。因為對手是在天亮前就睡醒的。銀座也曾經做過夜間回收垃圾，這在「那個場所」雖然有絕大的效果，但是由於這只有在市街區的一部分地區實施，所以從整個銀座的角度來看，並沒感覺到有什麼實際上的效果。

這些程序之所以沒辦法進行，是跟餐飲店的營業結束時間有關（若是營業到凌晨的話就來不及趕上垃圾回收，得等到隔天才行），而從凌晨到夜間回收垃圾所產生的噪音，以及業者及清掃局的工作人員會變成在深夜工作等，也都是這個時段的缺點。

夜間回收垃圾是「讓烏鴉與垃圾的存在時間有所不同」的方法。另一個方法是「不讓牠們有時間翻揀垃圾」。那是到垃圾車抵達為止，不要把垃圾拿出來放在路上的方式。北海道的札幌就是使用這種方式。

在這種方法中，垃圾是被保管在大樓的一隅等。等到垃圾車來的時間，管理員就打開保管場所，開始把垃圾放到馬路邊上。順利的話，垃圾暴露在外面的時間只有短短的幾分鐘。我在札幌剛採用這種方式時就造訪了那裡，的確幾乎沒看到翻揀垃圾的烏鴉。不過還是有一個垃圾被弄亂的例子，那是由於垃圾沒有好好被管理。而另外一個例子則是當管理員回到大樓裡去拿垃圾袋的短短一分鐘內，就有一隻強者烏鴉來啄垃圾了。雖然這也是一個很不錯的方法，但是得讓管理員常駐定點，而且還需要一個儲存垃圾的地方。

另外，我也看過一般家庭採取這種方式。當我在傍晚時分在台灣的瑞芳散步時，聽見大卡車邊放著音樂邊開過來停在街角。在那個瞬間，從周圍的公寓啊住家啊大樓的各種不同場所，有許多人啪搭啪搭啪搭的跑出來，接二連三的把手裡拿的垃圾袋往車裡面丟。等到這突如其來的像是投球遊戲般的騷動告一段落，卡車就又播著音樂開走了。那似乎是在街上的各個角落停車收垃圾的系統。只不過台灣的市內幾乎沒有烏鴉，所以我不知道那個效果究竟如何。和日本採取相同收垃圾方式的台北鬧街，也還是一樣沒有烏鴉。

在這裡就來介紹一下外國的垃圾狀況。

美國由於廚餘處理機很普及，廚餘在家裡粉碎之後就直接流到下水道中，原本就不會有什麼可以讓烏鴉翻揀的東西丟在外面。此外，垃圾又以丟街角那個稱為dumpster的巨大鐵製垃圾箱中的狀況為多。雖然那是一個相當好的方法，但是對人行道狹窄，馬路也不寬的日本來說，很難找到設置的場所吧。何況在高溫多濕的日本，要是這樣儲存廚餘的話，那裡應該馬上就會變成人人避之唯恐不及的地方了。

音樂之都維也納的皇宮庭院裡也有烏鴉（黑頭鴉），只要聽到垃圾車的音樂聲就會一直線的飛過去撿拾垃圾吃，所以烏鴉在街道上翻揀垃圾，好像也不是只有日本才有的特殊狀況。不過並沒有日本那麼顯眼。在向文化的坩鍋、熔爐（或者是沙拉碗）——美國的烏鴉研究者詢問那邊的狀況時，起初他們的回答是：「由於不會把垃圾放在外面路上，所以沒有看過烏鴉來。」但是再繼續問：「那在郊區呢？鄉下的漢堡店呢？」的時候，答案就變成：「的確在舊市區的繁雜場所，或是在路上可能會有放垃圾的地方，只要附近有公園，就會有烏鴉呢。」

雖然有這樣氣候與風土或是文化的差異，但是垃圾的狀況，也還是會影響到烏鴉的狀況。

那麼，正如在前面寫過的，巨嘴鴉只有在日本會這麼接近人類的生活圈，可是牠們究竟是從什麼時候開始出現在東京的呢？

在翻閱撰於江戶時代的《武江產物帳》（記載著武藏國及江戶的產品與風土的報告書）時，看到上面寫著「御藏多慈烏　平地有烏鴉　山上有烏鴉」。平地的烏鴉、山上的烏鴉應該是在講小嘴烏鴉和巨嘴鴉吧。看起來這兩種烏鴉似乎都很常見。據說西博德（Philipp Franz Balthasar von Siebold）也在日記中寫下「江戶是烏鴉的城市」、「早上被烏鴉的叫聲吵醒」的句子。

從幕府末期到明治年間造訪日本的外國人也有寫下關於烏鴉的事。摩斯[3]在《日本的一天又一天（Japan Day by Day）》中很中肯的評論「烏鴉是街頭的清道夫」。此外還有「從人力車跳下來穿外套的時候，一隻烏鴉飛過來

把人力車的燈籠啄破，開始吃裡面的蠟燭」等的觀察例子。摩斯不但記下若是為了要看這種不可思議的光景，買一百根蠟燭都沒有問題的字句之外，還特別寫了烏鴉不怕人、車夫不會趕烏鴉等的事情。在明治時代造訪日本的夏威夷卡拉卡瓦國王（David Kalākaua）的隨行人員阿姆斯壯也寫著東京的德川家菩提所（家廟）就像森林一樣，在那裡看見了「翅膀好大的渡鴉」。這應該是巨嘴鴉才對吧。（阿姆斯壯是出生於夏威夷的美國人，理論上沒有見過巨嘴鴉。）其他也有英國人寫下「東京從一早就有烏鴉在叫，好吵」的句子。

江戶在從前曾經是「東方道路的終點」，是草木茂密的武藏野的一部分。當然巨嘴鴉應該也住在這裡。等到這塊地方被開拓，演變成人口有百萬人的大都市，即使是由於明治維新把名字改成東京，烏鴉還是一樣「KaA」的邊鳴叫邊跟人類一起生活。我認為周圍的山地或森林的連接性被保留，以及各地留有神社寺廟森林的大片綠地，應該是幫助烏鴉生存下來的主要理由（雖然江戶是大都市，但是當時的市區比山手線的範圍內還要狹窄，其周圍都是田園地帶。澀谷一直到明治時代後半都還是澀谷村，根岸是有日本樹鶯在鳴叫的郊外）。要是都市及周邊的森林被徹底砍伐掉的話，巨嘴鴉應該也會從人家附近逃走才對。

此外，摩斯也寫說日本是鳥類很豐富的國家，鳥和人之間的距離非常的近。他也曾記述「在農家的

---

3 譯注：Edward S. Morse，一八三八～一九二五，生物學家，發現大森貝塚。日本在幕末至明治時代為了趕上歐美的腳步，大量聘請外國籍顧問到日本協助發展經濟、工業、制度及其他各種學問，摩斯也是其中之一。

庭院中，有東方白鸛或是鶴類很理所當然般的飛下來」、「沒有人想要去捕捉」。雖然說會吃鳥類，但是由於宗教的禁忌，有避免殺生的傾向、在江戶時代嚴重的取締槍砲，特別是在江戶周邊是完全禁止用槍狩獵、有類似於將軍家狩獵場般的某種保護區等等，應該也都是縮短鳥類和人類之間距離的原因。

在看古圖鑑的時候，雖然看得到二戰前的東京好像是以小嘴烏鴉的數量比較多，但是隨著戰後徹底的都市化、高樓化之後，巨嘴鴉就增加了。據說當夢之島[4]還是垃圾掩埋場的時候，除了大量的紅嘴鷗之外，也有烏鴉一起來翻揀垃圾。當夢之島的垃圾掩埋結束之後，東京都內就產生了巨嘴鴉翻揀垃圾、把環境弄得很亂的問題。雖然我不能說那些烏鴉是從夢之島來的，但也很可能因為牠們是在過去的數百年之間都很習慣在人類附近覓食的巨嘴鴉，所以才能夠深入都市的市中心吧。

雖然我是這樣寫，不過這只是想像，連假說都算不上，若是真的要好好思考的話，應該得從首爾或是北京的歷史開始調查起才行吧。

4 譯注：位於東京都江東區，是為人工島的東京灣垃圾掩埋場十四號地之中，比灣岸道路要北的部分。

為了頭不會被踹

初級烏鴉語會話

下鴨神社，初夏。在參拜道路兩旁的某處，應該有巨嘴鴉的幼鳥才對，因為從和巢不一樣的場所傳來「GuAa～」的叫聲，應該已經離巢了吧。沒錯，聲音是從那附近傳過來的。聽起來是在索食的「GuWaWaWa、GuWaWaWaWa」。在叫聲最後面變成「AWaAWaAWa」是因為張開的嘴裡被塞入了食物。這樣看來，親鳥也在。

找到那個角度，其實不知該說是偶然還是僥倖。我和烏鴉之間的距離大概有三十公尺，中間還隔著好幾棵樹，樹葉也很茂盛。可是，正好就是從那個位置、那個高度、那個角度，拿著望遠鏡看過去，透過這棵樹的樹枝縫隙、下一棵樹的樹葉縫隙、再下一棵樹的樹木間隙的大約三個縫隙，奇蹟似的看烏鴉寶寶和親鳥停棲的樹枝。簡直就像是《骷髏13》[1]的狙擊一般。確實有幼鳥在。而且還是兩隻。

在那個時候，親鳥突然歪著脖子偏著頭。再縮起脖子，緊盯著這邊看。然後，我的視線對上烏鴉的視線。換句話說，烏鴉也是透過同樣的縫隙在看著我。在那一瞬間，巨嘴鴉開始非常猛烈的進行威嚇。不僅如此，連雌鳥也來了。兩隻鳥分別站在我的前後，停在比較低的樹枝上。啊～嘎啦嘎啦的開始碎碎唸。而且還一邊敲擊樹枝。這可是相當生氣呢。雖然我並沒有做什麼讓牠們那麼生氣的事，不過應該是牠們覺得藏得好好的寶寶被發現，心裡不舒服吧。

牠們的領域是前方二十公尺，在參拜道路和橫向馬路的十字路口附近，到參拜道路根本只有一步之

---

1 譯注：《Golgo 13》是日本漫畫家齋藤隆夫的作品，主角Golgo 13為擁有超一流狙擊能力的殺手。這套漫畫從一九六八年十一月起在小學館《Big Comic》雜誌連載，非常受歡迎。

遙。可是想要邊輪流盯著那兩隻烏鴉看，邊不露出可乘之機邊往後退，距離感覺起來倒是有點遠。而且其中一隻還擋在我的前進方向上。就跟你們說你們可以飛，完全沒有問題，人類可是只能走在參拜道路上的呢。我一邊緊盯著那隻看，想要對牠施壓，還一邊偷瞄另一隻，希望不要給牠任何攻擊我的機會……

我簡直像是從前在脫離刺客的二刀流劍客那樣的一個人牽制著兩隻烏鴉，總算離開了牠們的領域。巨嘴鴉們發出勝利的呼聲。唷，這對巨嘴鴉夫婦很愛生氣，真是讓我多花了好多心思啊。

只要說到烏鴉，好像就會有非常強烈的「可怕」、「會攻擊人」的印象。但是「明明就沒做什麼，卻突然攻擊」的例子其實極為罕見。真的伴隨著身體接觸的「攻擊」也是不常見的。因為這類的攻擊而受傷的事情也很少聽說。反而是因慌亂而摔倒才比較危險。首先，烏鴉對人類採取敵對態度的，只有在保護雛鳥的時期而已。這一點請千萬不要忘記。

雖然牠們若是在覓食的時候被打擾的話，可能會發出不開心的叫聲，不過並不會展開攻擊。從烏鴉的眼中看來，人類是既大又可怕的。

烏鴉對於望向巢或看雛鳥的視線非常敏感。由於在野生動物的世界中，並沒有像賞鳥者或是研究者般的奇怪傢伙，所以只要緊盯著巢一直看的，通常都是「想要對巢下手的敵人」。何況是盯著離巢幼鳥看，或是接近離巢幼鳥的話，就確實會認定成「我的孩子有危險了」。

被烏鴉「攻擊」的例子中最多的，是當離巢幼鳥站在低矮樹枝或是地面上的時候。剛離巢的幼鳥雖然會拍動翅膀但是卻不能飛（只能說是往下掉的時間花得比較久，卻沒辦法到比原先位置要高的地方去），所以在動來動去的時候，位置就會逐漸降低。假如是在森林中的話，半路上會有許多樹枝，總是能夠抓住某處停在比較高的地方；但是假如是在像行道樹那樣孤立的樹的話就停不住，多半會掉到地面上來。這樣一來，親鳥就會為了要保護幼鳥而留在附近，對接近過來的對方一一加以威嚇，發出警告「不要靠近我的小孩」。

在澀谷實際發生過的一個悲劇，是烏鴉在天橋旁邊的行道樹上築巢，巢的高度跟天橋的高度剛好差不多。雖然行經天橋的行人完全沒有注意到巢的存在，但是對烏鴉來說，似乎就變成「好多人特地爬上樓梯來看我的小孩」。光是經過也還算了，但是有人完全基於偶然而以巢為背景來拍紀念照片，讓烏鴉氣瘋了，所以不只那個拍照的人而已，有好幾分鐘，烏鴉都對著經過的行人進行威嚇。那應該是「我已經受不了了，不管是你還是他，統統給我滾出去！」的狀態了吧。

因為如此，會發生烏鴉攻擊人類事件的時機，是在幼鳥離巢的季節，也就是集中在五月到六月之間。受害報告的統計也是如此。

話說回來，烏鴉在威嚇、攻擊時的順序究竟是怎樣的呢？假如知道的話，應該就不再會認為烏鴉是「突然」攻擊過來了吧。

首先，烏鴉會先以聲音進行威嚇。可能會有人認為牠們平時就在 KaAKaA 叫個不停，應該無法區別；不過牠們要是平時的叫聲是「KaA、KaA」的話，在這時候的叫聲就會變成很激烈的「KaAKaAKaAKaA！」。是不停反覆的快速連續叫聲，而且每一聲的音量都很大。只不過在這個階段時還不需要害怕。那不是對你叫，通常是在對經過那附近的別隻烏鴉叫。

但是假如烏鴉很明顯的是朝著自己的方向叫、跟在後面過來、到低的地方來的話，就表示你被烏鴉盯上了，也就是「那裡的那個人，就是你啦」的被指名狀態。假如牠的叫聲是沙啞的「GaRaRaRa……」，就表示牠相當生氣。有時還會聽到像「KoRa～！[2]」般的叫聲（附帶一提的是，白頰山雀的威嚇聲聽起來是「AcChi～IKe」，也就是感覺起來好像在說「A-Chi-I-Ke[3]」）。

當叫了半天也沒有效的時候，烏鴉會開始用喙部敲擊牠停棲的樹枝。以人類來打比方的話，就像是在抖腳抖個不停，或是很神經質的用指頭敲打桌子的那種感覺。有時候還會把那附近的樹枝或葉子給撕

2 譯注：日文的大聲罵「喂」。
3 譯注：日文的「到那裡去」。

kaAkaAkaA
kaAkaAkaAkaA kaAkaAkaAkaA
GaRaRaRaRa……
koRa～!

扯下來。翻譯牠的意思，就會是「老子已經叫你滾開了，你還沒聽見嗎，白癡」。此外，牠把小樹枝撕扯下來的行為有時會被媒體寫成是對準人類「爆炸攻擊」，不過牠們真的只是由於很不高興的在亂丟，即使有打到人也純粹只是偶然而已。我以前看過小嘴烏鴉把日本榧樹（*Torreya nucifera*）的小枝子折斷，把全部的葉子一片片摘了丟掉，又把剩下的小枝子一根根的從基部仔細折斷丟開，最後再把剩下來的枝幹部分整齊的折成三折丟到地上。雖然我很了解牠應該是相當生氣，不過我認為在這種時候，即使氣得要死，也不必那麼一板一眼的弄得整整齊齊吧。

萬一到了這種時候人類還沒有注意到，或是傻傻的覺得「哎呀有烏鴉，好可怕喔」等的話，烏鴉就會繼續下一步的威嚇。牠們會擦著人類的頭部飛過。只是基本上牠們其實滿膽小的，並不會從正面對著人類迎面飛去。一定是從後面飛越，而且最初一定會稍微留一點點距離的飛。以空手道來說是點到為止。或者是太極的打空拳（Shadow Boxing）。有時候可能翅膀的前端會擦到人，不過那並不是故意要撞到的。

很遺憾的，人類注意到烏鴉的時候，通常都是到了這個階段以後。然後不管有沒有被烏鴉碰到，都會用「攻擊」來形容。所以才會說「莫名其妙的就突然被攻擊了」。

雖然到了這種時候，總不會還沒注意到，但是假如還繼續呆呆的「咦？咦？為什麼？」的話，有時候就真的會「你還聽不懂嗎，白癡！」的被踢。不過我說的是「有時候會」，並不是經常會被踢。狀況會升溫到哪種程度，會依烏鴉的個性，以及牠被氣到哪種程度而有所不同，要是你真的看起來很可怕、很強壯的話，烏鴉也應該會控制自己不出手攻擊吧。

這種真真正正的攻擊，也還是會從後面來攻擊頭部。因為牠們縱然到了這個階段還是會害怕人類。就像我最初寫的，人類的體重是烏鴉的一百倍。我的體重大約為六十公斤，一百倍的話就是六公噸，相當於非洲象的體重。即使小孩的性命懸於一線，要徒手空拳去對付非洲象，也還是相當可怕的。能夠的話，才不想從正面出手呢。

當然，雖然烏鴉因為能飛所以有利，但是也不能忘記那個有利也是「被抓到就結束了」。烏鴉是不能停留在對手的手可及範圍之內的。所以，是從後方，看準人類最高部分的頭部，在飛越的時候把腳放下來踢。在看影像的時候，會發現牠們與其是藉著體重用力砰咚一聲踢下去，還不如說是把頭頂當墊腳石般的碰的踢飛，或是把腳趾蹺起來像拳頭那樣的砸下去。在這個時候的趾頭（特別是朝向後方的對向趾）似乎會卡到頭髮，所以有時也會聽到「被抓頭髮」，或是「被抓頭」般的申訴。有時候爪子也會擦到頭。雖然要是戴著帽子的話，帽子可能就會被順便帶走，不過通常是不會受傷的。

這就是烏鴉的攻擊。再怎麼說，牠們也不會用全身的體重竭盡全力飛衝過來用喙部突刺，也不會很執拗的用喙部啄個不停。因為要是不小心激烈追撞的話，自己也會死亡。經常會有鳥類由於撞擊窗戶玻璃而死亡，這些鳥類不是顎骨骨折，就是脊椎骨粉碎。以鳥類的飛行速度伸著頭去衝撞，就是如此危險。

要是停在對方身上，或是用喙部刺在對方身上停止不動的話就更加危險。假設你握著刀，飛衝到巨熊的懷中。雖然有可能讓牠一刀斃命，但是絕對不會錯的，是自己在下一個瞬間被撕裂開來。對烏鴉來說，自己的喙部可及範圍，其實也就是對手的攻擊圈內。所以，烏鴉即使攻擊，也還是瞬間就會飛走。

只不過並不是沒有由於被喙部接觸到而受傷的例子。雖然我本身是既沒看過也沒聽過，不過有書上記載了這樣的例子。可是我推測那大概不是烏鴉的操縱錯誤，就是由於人類動了才造成的撞擊意外。若是在威嚇的階段感覺有點不對而回頭，運氣很糟的站在烏鴉的行進路線上，導致被翅膀掃到的例子我倒是有聽過。

那麼，就是像這樣，烏鴉並不是「突如其來沒有理由」的攻擊，也不是經常會攻擊，更不一定會到動用武力的地步。然後，就算被踢到，因此受傷的例子也很少。

根據森下等人在東京調查的例子，在有提交「被烏鴉攻擊了」報告的例子中，有流血的例子占了百分之十七。由於受的傷都非常輕，所以都沒有需要包紮處理。當然，應該也有沒有報告的，再加上假如有受重傷的話一定會有報告，所以在這裡就可以視為「即使被烏鴉踢到也不會受什麼傷」。

其實，在被烏鴉攻擊時會發生的最危險狀況是「在被

威嚇的時候由於驚嚇而摔倒」、「在騎腳踏車的時候被攻擊，想要躲開結果撞到電線杆」等的意外。總之就是二次災害，而且這比被烏鴉本尊攻擊還要危險。所以在發現烏鴉生氣的時候也不可以驚慌。反正牠只會在周圍飛來飛去而已，不管再怎麼生氣，最多也不過是頭被碰的踢一下，最重要的就是要鎮定。

換句話說，只要記住在前面介紹過的「你到底在看什麼」、「你啦就是你啦」、「趕快給我滾出去！」、「你還聽不懂嗎，白癡！」等的初級烏鴉會話，在跟烏鴉打交道的時候就還滿方便的。

此外，威嚇和攻擊的順序不論是在巨嘴鴉或是小嘴烏鴉都差不多，不過小嘴烏鴉的叫聲會有點不同。因為牠們的叫聲總是沙啞的「GaA～！」。所以沒辦法用前面的「初級烏鴉會話」，只能用牠們的態度是不是在生氣來做判斷。假如小嘴烏鴉很執拗的一直叫，就應該要認為牠們可能是在威嚇，因為牠們平常根本不太叫。

一般來說小嘴烏鴉比巨嘴鴉文靜，沒有那麼容易生氣。就算生氣，也只是邊GaA～GaA～的叫邊敲擊樹枝而已。不過在雛鳥發出慘叫的時候，當然還是會點到為止的發出攻擊。我有一次想要把掉落在地面上的雛鳥放回樹枝上，那時候雌雄兩隻烏鴉就翻身急速下降。雖然沒有踢我，但是牠們的翅膀擦到我的頭兩次左右。

另外一次是在京大校舍的屋頂上，往下眺望應該有小嘴烏鴉巢的針葉樹。這棵樹大概跟校舍等高，由於枝葉很密，看不到巢究竟在哪裡，也不清楚牠的繁殖階段。我認為搞不好從上面可以看到，往下窺視後，發現幼鳥已經離巢，單獨的站在樹頂上。幼鳥偏著頭，用藍色的圓眼睛一直盯著我這邊看。雖然我在心裡拜託牠不要叫喔、不要叫喔～，可是大概還是由於有大型動物站在比自己高的位置上實在是很可怕吧，牠用好可憐的聲音叫著：「GuWa、GuWa～！」（感覺起來像是「在哭」）在那一瞬間，從一百多公尺遠的樹中迸裂出「GoA～！」的聲音，兩隻小嘴烏鴉像是彈出來那樣的飛了出來。糟糕了，雙親都在生氣。

雖然在那個時候由於有旁邊的巨嘴鴉罩著，總算逃過一劫，但是即使是小嘴烏鴉，當幼鳥有難的時候，也是會生這麼大的氣的。

雖然很罕見，不過也有自己明明什麼也沒做，也沒有欺負烏鴉，卻被威嚇的例子。可能性有二。一個是剛好有誰讓烏鴉變得非常生氣，烏鴉在過度氣憤下就隨便遷怒。在這個時候除了讓牠自己冷靜下來以外別無他法，只能立刻離開現場。想要講道理給正在生氣的烏鴉聽（其實就算沒在生氣也是），只能靠所羅門王的指環了。

另一個很少發生的事情，是你正好跟哪個被烏鴉討厭到極點的人長得很像。若是經常惹烏鴉生氣的話，牠們似乎就會記得那個人的服裝跟長相，我有聽過：「只要經過就會被威嚇」的例子。實際上，我在嘗試著要拍攝小嘴烏鴉巢裡狀況的時候，就是為了怕發生這種事情而特地先變裝打扮才開始工作。為了要試試看，幾天以後我又以同樣的裝扮在巢的附近走動，確實烏鴉就飛過來，好像在嚴重警戒的樣子。當牠們不是記得長相而是記得服裝的時候，只要看上去很像，就有可能會被誤認為「又是那個壞人！」。

附帶要說明的是，我那時候的變裝是戴著黑色的棒球帽、太陽眼鏡、用頭巾包著臉、用毛巾裹在脖子上面（以防萬一脖子被喙部給碰上），以及大紅色的運動衣。雖然我除了把臉藏起來以外，還特地選擇了自己平時絕對不會穿的衣服，不過附近沒有警察或便利商店，真是讓我感覺好慶幸。

另外一點。烏鴉會從狹窄的巷弄飛起，或是從行人頭上的看板起飛。在這個時候可能會很偶然的，飛到你的附近。這完全只是路線的問題，烏鴉完全沒有要對人類做什麼的意思。從前當媒體熱烈報導「烏鴉問題」的時候，晚間新聞充滿了像是「烏鴉攻擊人！」般的煽動性詞句，再加上放映類似這樣的影像（高中女生對著從垃圾旁邊飛起的烏鴉尖叫個不停之類的），我只是要再補充一下，不是那麼回事。

那麼，讓我整理一下不讓烏鴉踢的具體方法論。

首先，要特定巢的位置。烏鴉會生氣的是在小孩有危險的時候，而不太會飛的幼鳥所在位置，就是巢的周圍。即使是在離巢前盯著巢看也會被威嚇。所以只要注意不要隨便站在巢的附近，也不要一直往巢的方向看的話，惹烏鴉不高興的可能性就低了。雖然由於烏鴉很會隱藏牠們的巢，所以應該很難找，不過要是在春初看到牠們很努力的固守在某個

就是那傢伙
會偷窺我們家……
GaRaRaRa……
記得牢牢的

地方附近一副「你不可以接近這附近喔！」的樣子，巢大概也就在那裡了。具體來說，是以有著適當高度，樹葉茂密的樹，不太有人經過的場所為多（其實也有逆向操作，偷偷在非常醒目的樹上營巢的烏鴉配對）。

然後，要聽烏鴉的叫聲。從巢的附近傳來雛鳥「GuWaA」、「GuWa～」的叫聲時，就是牠們在育幼的證據。然後要是牠們準備攻擊的話，一定是來自後方。若是背後沒有破綻，讓牠們沒有可乘之機的話，烏鴉就不會攻擊。就像一開始寫的，即使只是突然往後方看一眼，也能夠充分的達到牽制效果。正如我已經寫了好幾次的，烏鴉是怕人類的。

總而言之，不讓烏鴉踢的心得是

1、仔細聽烏鴉的聲音

2、要把自己想像成某狙擊手，以「不要站在我後面！」的視線和態度讓烏鴉知道。就是這兩項而已。若是要再加一項的話，

3、要是覺得糟糕了的時候，就忘掉《骷髏13》的心情，趕快逃走

就是這樣。在這個時候，不可以慌張。請記得比起被烏鴉弄傷，摔倒所受的傷才更危險。假如是在都市的話，牠們的領域只有直徑數百公尺而已，不會追趕到天涯海角。在保護孩子的時候更是如此，不會移動到太遠的地方。最多也只要離開幾十公尺就沒問題了。萬一還是擔心自己會被踢的話，只要用報紙或是雜誌護住後頸部，就能夠躲開烏鴉的爪子。

由於我是烏鴉的研究者，會自己主動去接近烏鴉的巢或雛鳥，不過到目前為止，我就算有被威嚇過也還沒有被踢過。共同研究者的森下先生，也是雖然有被烏鴉的幼鳥停在頭上，卻沒有被踢過。一般來說，烏鴉研究者雖然對烏鴉做了很多有的沒的，卻很少受到攻擊。反倒是期待會被踢、被踢到會很開心呢。理由應該在於隨時注意烏鴉的動向或是聲音吧。我在進行烏鴉聲音的回播實驗時注意到的，是走在路上的行人們完全就把烏鴉的叫聲當成背景噪音，對於喇叭播出來的烏鴉叫聲也完全沒有反應。這恐怕就是名副其實的「有聽沒有到」吧。

的確，要一一去聽烏鴉的叫聲，還不如聽音樂愉快多了，不過害怕人類的烏鴉，好歹也是為了要保護孩子才發出叫聲的。至少把牠們的叫聲當成汽車警示的喇叭聲，不是也不錯嗎？

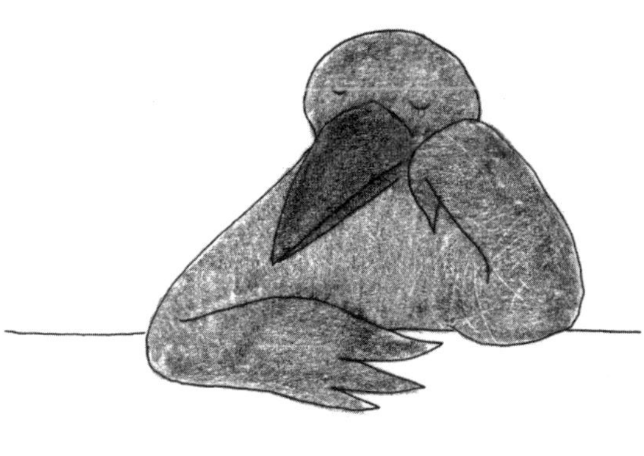

烏鴉的呢喃3
那部作品的，那隻烏鴉

在影像作品（影視）或是小說中有時候會有烏鴉登場。古典作品有愛倫坡的《烏鴉》。原名為The Raven，指的是渡鴉，不過日文名的「大鴉」感覺沉穩，甚為不錯。「Never more」是作中關鍵佳句（？），聽說在美國還有人教自己養的渡鴉說「Never more」。柏頓・海立奇（Bernd Heinrich）撰寫了有關渡鴉的驚人智能的論文，標題為「Bird brain never more」，也就是「不再是『小鳥腦袋[1]』」。

很遺憾的，烏鴉的角色通常以令人毛骨悚然為多。有名的雖然是希區考克的《鳥》，不過以烏鴉研究者的立場來說，由於那是把「烏鴉會成群攻擊」的印象深植人心的作品，所以我要給它一個負評。《烏鴉／飛翔傳說》（The Crow）的烏鴉也是復活的復仇者的象徵，是有點可怕的角色（另外，「主演」這部作品的渡鴉，據說是全世界片酬最高的烏鴉）。喜劇則是一九六六年的義大利電影《鷹與麻雀》（The Hawks and the Sparrows），在片中登場的烏鴉是「滿口意識形態只會耍嘴皮子的知識份子」的象徵，最後卻被做成烤小鳥。多少有點活躍場面的大概是烏鴉在當傳令，絆住壞女人庫伊拉（Cruella de Vil）的《101忠狗》吧。

在聖經般的世界觀中登場的是《機動警察》（Mobile Police Patlabor），在電影一開始時，帆場暎一撫摸渡鴉頭的那一幕真是經典。相對於此，回到「諾亞方舟」的渡鴉

就不知道應不應該算牠是象徵性的存在，因為牠和烏鴉這種生物實在相差太多了。

在卡通動畫中登場的，大家最記得的首先就是《魔女宅急便》。在烏蘇拉（Ursula）的小屋中擔任素描模特兒的是黑白的烏鴉們。由於場景似乎是在歐洲，所以應該不是西方寒鴉就是黑頭鴉，不過和這兩者都還是有些許不同（背部比黑頭鴉黑，說是西方寒鴉，頭部卻又是黑的）。大概只要把牠們當成是有點帥氣的烏鴉就好吧。

同為吉卜力工作室作品的《貓的報恩》中，有烏鴉多多登場。雖然並沒有說牠是烏鴉，不過包含牠的同伴在內，全都是巨嘴鴉。特別是在貓咪事務所的扶手上跳起來改變方向的動作真是好。

在漫畫中，再怎麼也不能放過的是《大日本天狗黨繪詞》。烏鴉（其實應該說是天狗）們超

1譯注：在英文的慣用語中，bird brain是指一個人的頭腦跟鳥腦差不多大，也就是沒什麼頭腦。這裡是「不再是笨了」的意思。

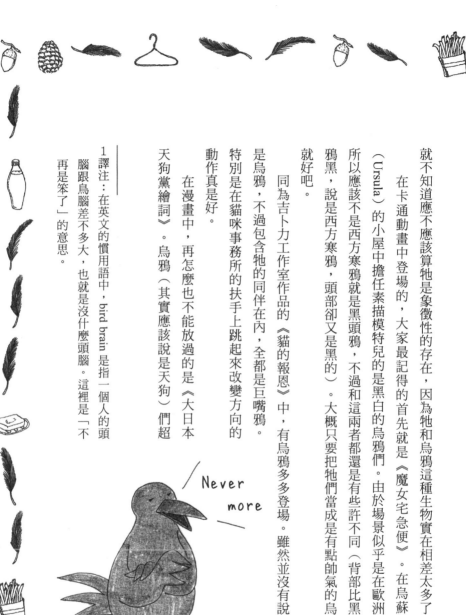

級認真的在討論「說到七，就是六的下一個」、「七的下一個是什麼」、「不知道」、「七的後面有很多」、「很多還真多哪」、「不不，七也滿不少」的部分，真是讓我看得笑到翻過去。沒錯，傳說烏鴉是能夠數到七的。仔細看那個證據，就是明明在場有八隻，烏鴉們卻一點也沒注意到。何況那個漫畫即使是有獨特的畫風，還是看得出那是烏鴉。

小說是以C・W・尼古拉的《北極烏鴉物語》極佳。在烏鴉於雪上綴出的大敘事詩的最後，像是簽名般的將一根烏鴉的尾羽插在雪上面……真是鮮明的最後一幕啊。雖然寫說是北極烏鴉，不過那應該是渡鴉吧。

在稍微有點不同的領域中，是以打獵為題材的懸疑推理小說《滌罪儀式（The Purification Ceremony）》（作者為Mark T. Sullivan）。雖然到了最後烏鴉也幾乎沒有出現，不過描述得雖少，卻是看透全盤的像是精神式的存在。

然後比任何烏鴉都像烏鴉而大大活躍的，是《悠哉森林的動物會議》（Jakobus Nimmersatt，作者為波爾·洛生[2]）的主角，食量特大的雅可布。牠總是肚子餓、人脈很廣、通曉人類語言、到處拜訪、喜歡惡作劇。話題再怎麼扯都會繞到以要東西吃為目的。牠才是真正的烏鴉典範啊。

在日劇「迷途刑警純情派（はぐれ刑事純情派）」中，藤田誠飾演的安浦刑警邊說著「欸，我只是正好經過」等，邊和相關證人坐在公園的椅子上說話的場景是固定會出現的畫面，背景通常都會有烏鴉的叫聲。雖然音效可能是另外錄的，不過即使如此，也是由於一般都認為「假如是在公園的話，就會有烏鴉叫」吧。倘若不是另外去錄音的，那只要把星期二播放的「火曜推理劇場」和星期六播放的「土曜劇場」及「迷途刑警純情派」全部檢查一遍，可能就可以了解外景地的烏鴉增減了。

---

2 譯注：Boy Lornsen，德國兒童作家。從二〇〇八年起預測世足賽冠軍的「章魚哥保羅」，名字就是取自於他所作的詩——《章魚哥保羅》（Der Tintenfisch Paul Oktopus）的標題。

第四章
烏鴉的Q&A

到目前為止我有機會遇過許多人，大家一定都會談到一兩個跟烏鴉有關的話題。原來，大家都相當關心烏鴉，也觀察得滿仔細的嘛（笑）。在這裡就把我經常被問的問題、開會討論的話題，以及和烏鴉有關的Q＆A，一起做個介紹。

經常被問的問題

Q 烏鴉的祖先是什麼樣的鳥？

A 其實是天堂鳥的兄弟呢。

距離鴉科最近的鳥，應該會跟大家的猜想完全不同，其實是天堂鳥。在新幾內亞的森林中展示顏色鮮豔多彩的飾羽，再以不可思議的舞蹈向雌鳥求愛，那種豪華絢爛的鳥兒們的哪一點像烏鴉？你可能會這麼覺得，不過從交叉免疫法（cross immunization，檢視對方的蛋白質會如何被免疫系統攻擊的方法。在系統上距離愈遠的生物，愈會像是「我沒看過你這個傢伙！」一般地被激烈攻擊）或是DNA鹼基序列的解析得到的結果，就是跟任何其他鳥類比起來，都是天堂鳥和烏鴉比較近，所以也沒什麼好說的。只不過不知道牠們的共同祖先是什麼顏色的。

Q

天下烏鴉都是一般黑嗎？

A

也有黑白的烏鴉。

雖然說是烏鴉，也並不全部都是黑漆漆的，也存在著有黑白配或是灰黑配的雙色烏鴉。小嘴烏鴉的亞種[1]——分布於從俄羅斯到部分歐洲的冠小嘴烏鴉是黑白的斑紋模樣。其他像家烏鴉、白頸渡鴉、非洲白頸鴉、東方寒鴉、西方寒鴉等都是雙色系的。單色系以外的烏鴉，還有澳洲的澳洲小渡鴉，牠們是帶褐色的。

不過，有三十多種的鴉屬成員大半都是黑色的。當考慮到鴉科中還有奄美松鴉（*Garrulus lidthi*）或絨冠藍鴉（*Cyanocorax chrysops*）等具有藍色羽毛的種類存在時，就覺得很不可思議。

1 審訂注：本書作者認為黑頭鴉（*Corvus Cornix*）為小嘴烏鴉的亞種，但目前多數鳥類分類文獻認為黑頭鴉與小嘴烏鴉屬於不同物種。

Q

為什麼烏鴉是黑色的呢？

A
完全不清楚。

Q

好像具有光澤吧？

A 那是一種結構色。

烏鴉的羽毛之所以黑，是由於在羽毛之中有包含黑色素的成分。再加上羽毛的表面具有角質層，所以雖然微弱，卻仍然會讓光散射、干涉而產生結構色。這會變化成紫色或藍色的金屬光澤，所以會被稱為：「烏鴉的潮濕羽色。」日本人真的很了解烏鴉的黑色，不只是單純的黑色呢。

Q

那樣全身黑漆漆的，

不會熱嗎？

A 很熱。

只要到了夏天，烏鴉就經常會張開嘴巴發呆。為了想要去稍微涼爽一點的地方，也會聚集到河邊的橋下面去。在河邊乘涼，還頗為風雅哩。

只不過也有研究結果表示白色的鳥類容易被紅外線滲透，體溫也容易上升，所以不能一概而論的說，因為是黑色所以很熱。雖然黑色羽毛會吸收光線，讓表面溫度上升，不過據說由於羽毛的優秀隔熱性，所以體溫本身並不太會上升。

Q

烏鴉有語言嗎？

A 牠們會用聲音溝通交流。

不過並沒有證據顯示所有的叫聲都是由具有特殊意義的聲音所構成，應該也沒有像人類的語言那樣的文法、文句或單字，所以跟我們一般所說的語言還是不一樣。

Q

烏鴉的叫聲好吵耶……

A 牠們天生嗓門就大，請原諒牠們。

巨嘴鴉的叫聲非常大。若是在沒有噪音、視野良好的地方，連一・五公里以外都能夠聽得很清楚。由於巨嘴鴉原本是棲息在山間的廣闊森林中，所以為了要讓遠方的對象能夠聽到自己的聲音，嗓門就很大。

Q

聽說只要烏鴉一叫，人就會死，是真的嗎……？

A 我還活得好好的呀，有事嗎？

其實也不是完全沒有根據。因為在守靈或葬禮時有很多人進進出出（而且會有食物），所以烏鴉可能會注意到，有可能會湊過來看情形。這並不是由於烏鴉叫了，而是原因與結果相反。其他大概是來自烏鴉會聚集在曝屍那裡的聯想吧。

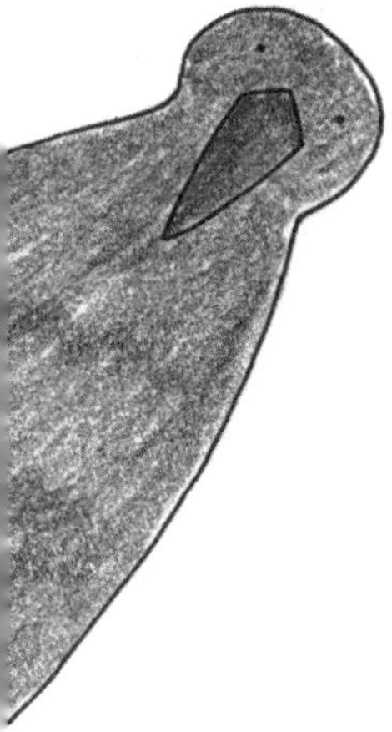

Q 烏鴉吵個不停，是快發生地震了嗎？

A 牠們每天都很吵，請不用擔心。

二〇一一年三月十一日，在我任職的博物館附近大概有十隻左右的烏鴉，在到地震發生、開始搖晃之前都沒有特別吵鬧。只不過在開始搖晃之後就不停地吵鬧。雖然在地震告一段落之後就回到樹枝上，但是一有餘震就又再開始吵鬧。至少我看到的烏鴉，並沒有預知地震的發生，都是在地震開始搖晃以後才變得很吵。由於樹枝在有風吹過的時候也會晃動，我不知道牠們到底在吵什麼，牠們可能是覺得明明沒有風，樹枝卻在搖，非常詭異不舒服吧。當然，也有可能是感受到和搖晃同時發出的聲音等，所以才在吵鬧。

雖然有不少以動物預測地震的現象，在這裡的問題比較在於「烏鴉平時的吵鬧程度」很難量化。何況吵鬧程度，當然，是每天有差異的。所以即使是聽到人家說：「這樣說起來，那天的烏鴉好像比平常吵呢！」也是很難下判斷的。

Q 視線跟烏鴉對上時，
會有即將被攻擊的感覺，
好可怕!!

A 沒關係，牠們也有同樣的感覺。

希望你明天早上能夠抬頭看看停棲在電線上的烏鴉。「咦？什麼？什麼？你有什麼企圖？」烏鴉一定很明顯的會顯出焦慮的樣子。因為烏鴉更加害怕人類。路上行人並不會捕捉烏鴉把牠們殺掉的事實，不必讓烏鴉知道也沒關係。只不過要是盯著雛鳥看的話，雖然雛鳥不會生氣，但是親鳥卻真的有可能會發火。

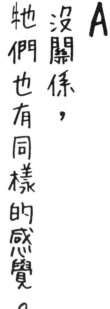

Q

牠們超級、無敵厚臉皮，

讓我很生氣耶！

A 因為要是人類閃避牠們的話，牠們就會覺得不逃也沒關係。

嗚哇，有烏鴉！好像有點可怕，我還是靠邊走好了。這樣一來，烏鴉就是以「唔？什麼？要經過嗎？喔，是喔」的態度繼續專心撿拾牠的垃圾。讓人類大大閃躲你們，你們這些傢伙究竟是在幹什麼，喂。……這種經驗，你有過嗎？

烏鴉在看到人類閃避自己的行為時，就會判斷：「啊，這傢伙是要邊閃躲我邊過嗎？那我不逃也沒關係嘛。」下次試著在快要接近烏鴉時，「假裝閃避牠，其實！」突然停下來，迅速的轉身來看牠。烏鴉應該就會非常驚慌的逃走。邊盯著烏鴉的眼睛看，邊咚咚咚的往牠靠近的話，牠一定會逃走。

Q

我家附近的烏鴉
會來停到我肩膀上。

A

真是讓我好羨慕啊。請跟我交換。

很罕見的，好像會有這種情況。那是非常親近人的烏鴉，加上不太會讓動物起戒心的人類的組合。但是完全野生的烏鴉會這麼不怕人也是很少見的。我覺得那很可能是曾經被人類飼養，或是被人類餵習慣的個體。

Q

烏鴉有沒有帶什麼病呢？

A

雖然沒有什麼特別危險的，不過，野生動物嘛。

牠們既會感染禽流感，在美國也有感染到西尼羅熱的例子。不過從鳥類傳染到人類，並不是那麼簡單的事。由於西尼羅病毒是以蚊子為媒介，當一隻蚊子叮咬過鳥，接下來又叮咬人類的話，就有可能會受到傳染。一般認為要傳染到禽流感，需要接觸到體液這類的密切接觸。假如你有每天摟著烏鴉蹭來蹭去的習慣，也許注意一下比較好。

Q

烏鴉有味覺嗎？

那表示牠們的演化程度很高嗎？

A 有是有啦，至於究竟敏不敏感就……

一般來說，鳥類用來感知味道的感受器數目比人類少很多。雖然以果實為食的情況是為了要挑選成熟甜美的果實、以昆蟲為食的情況是為了要避免吃到難吃的昆蟲，所以會讓味覺演化，不過那大概也沒必要能夠嘗出很細微的味道變化吧。此外，由於牠們就連非常澀的果實都會吃，所以確實是比人類的忍耐度強。因為若是牠們挑三揀四的話就會餓死，那也是理所當然的。

只不過烏鴉好像沒辦法吃辣的東西，我有看過在吃完炒牛蒡之後默默地到小水窪去啪啦啪啦清洗的烏鴉。好像是七味唐辛子加太多了。雖然這有個體差異，但有些烏鴉好像沒問題的樣子。

Q

烏鴉會聞到食物的味道靠過來嗎？

A

幾乎沒有嗅覺。

一般而言，鳥的嗅覺幾乎都很糟糕。鼻腔的嗅上皮（嗅覺器分布的部分）不但很小，而且基本上根本也沒多少感受器。腦的嗅覺也不發達。目前已經確認到會使用嗅覺的鳥類，大概只有鷸鴕（奇異鳥）、紅頭美洲鷲和鸌形目而已。

雖然跟烏鴉同樣有食腐性的美洲鷲[1]會使用嗅覺，好像在暗示著些什麼，不過在做過實驗之後，發現烏鴉好像不會使用嗅覺。此外，在美洲鷲科中嗅覺敏銳的好像也只有紅頭美洲鷲而已。所以鼻子很靈的是例外，基本上是以眼睛看東西來尋找。

1 審訂注：這裡指的是分布於北美洲和南美洲的「美洲鷲科 (Cathartidae)」的鳥類，不包含分布於亞洲、歐洲和非洲的禿鷹。

Q

烏鴉有領袖、有警衛等嗎？

A

雖然有位階，不過應該沒有命令系統。

在鳥群內有位階應該是不會錯的。吃東西的優先權好像也是跟著位階而定。只不過其他的烏鴉會跟隨烏鴉的「領袖」、「頭子」這種看法多半是錯的。那只是強壯的個體在有食物時搶先把肚子填飽（假如有人來打擾的話就瞪牠一眼並把牠踢走，要是這樣也還不走開的話，就會行使武力排除這個沒禮貌的傢伙），並不是有下什麼命令。在周圍鳴叫的個體也只是遠遠的在觀望「還沒好嗎？」而已。當然，在這個時候要是有敵人來的話就會吵鬧，結果是跟其他個體一起逃走，說不上是「為了同伴而努力警戒」。

Q 烏鴉的生活範圍是從哪裡到哪裡？

（以一生來思考的話）

A

曾經有在茨城縣捕獲過在北海道標識的烏鴉。那是年輕個體到遠方旅行的例子。

也有像渡鴉、禿鼻鴉等很明確會遷徙的烏鴉。年輕烏鴉有可能會作季節性的遷徙，也有報告說在北海道看到飛到海上去的一整群烏鴉。在沖繩的小嘴烏鴉是冬候鳥。在韓國也把巨嘴鴉、小嘴烏鴉視為冬候鳥。

Q

烏鴉是不是

多少能聽懂人類的話呢？

A 假如是勞倫茲飼養的渡鴉的話，有可能。假如是模仿的話，相當多。

據說動物行為學的始祖康拉德·勞倫茲飼養的渡鴉羅亞，只有在勞倫茲跟牠說「不要去那裡」的時候會叫「羅亞、羅亞」。勞倫茲認為牠了解那是在叫自己的名字，而且會以特別的叫法來使用它。

在飼育狀態下以叫聲模仿說話的烏鴉是很常見的。

Q

烏鴉能夠識別人類的臉嗎？

A 可以。

根據慶應大學（當時）的草山太一等人的實驗，就算是黑白的臉部照片，烏鴉也能夠辨識不同的人類。只不過這是在實驗條件下，在野外會不會那麼仔細的看人類的臉就不清楚了。但是也有牠們會記住獵人的車子，或是總是欺負牠們的對象的例子。

Q

烏鴉會從
神社的捐獻箱偷錢，
去自動販賣機買東西
對吧？

A 那個，純粹是謠言。

雖然可能有人聽過「烏鴉從神社的捐獻箱偷錢，投進自動販賣機去買鴿子飼料，然後自己吃」的謠言，不過那完全是捏造的。

那是從「我記得好像是在哪個外國，好像有烏鴉把撿到的代幣丟進自動販賣機還是什麼東西裡面」的傳聞開始（雖然這個傳聞本身是從鳥類研究者那裡聽來的，不過沒有受到證實），在某處開始被加油添醋，在被名為「特命研究200X」的節目繪聲繪影的加上「重現影像」播出而已（二〇〇一年二月二十五日播出）。這次播出的節目內容以烏鴉來說是非常不正確的。雖然他們也有打電話來採訪我，不過好像只是挑了適合劇本用的評語而已，假如能夠的話，我絕對不要再跟他們有任何瓜葛了（特別是那個節目已經停了）。

編輯部編

烏鴉的繪本圖書館ㄟ一

《七隻烏鴉》（七わのからす）

格林童話／圖：菲立克斯・霍夫曼／翻譯：瀨田貞二／福音館書店

七個兄弟終於有了一個可愛的妹妹。雖然這些哥哥們都超開心的，但是卻不小心打破了給妹妹洗禮用的壺。由於父親在震怒之中口不擇言，讓七個哥哥們統統變成了烏鴉。長大了的妹妹為了要讓哥哥們變回原來的樣子而踏上旅程。

《烏鴉與黑夜》（カラスとよる）

原著：尼可・維爾海爾・迪奧斯／圖：太田大八／福祿貝爾館

在人類剛誕生不久的時候，在有豐饒大自然的村莊裡，大家都感情很好的住在一起。但是讓大家很傷腦筋的是，太陽都不西沉。為了要遮住太陽，大家想盡了方法，卻沒能順利完成。於是村長就拜託了烏鴉。

《烏鴉與海鷗》（カラスとカモメ）

阿拉斯加特林吉特族的傳說／作・圖：二川英一／福音館書店

在這個世界才剛誕生時發生的事情。壞心眼的海鷗獨占了太陽。「我已經受夠黑暗了。」聰明的烏鴉為了大家挺身而出。為了要從海鷗那裡奪回太陽，烏鴉打算怎麼做呢？

《六隻烏鴉》（6わのからす）

作・圖：李歐・李奧尼／翻譯：谷川俊太郎／Asunaro 書房

在豐饒的地上有自己農田的農夫。那裡對六隻烏鴉來說，也是絕佳的覓食場所。農夫與烏鴉展開了爭奪農作物的攻防戰。是不是也有人有過類似的經驗呢……？

《變成和尚的烏鴉》（ぼうさまになったカラス）

作：松谷美代子／圖：司修／偕成社

在村子還很和平的時候，山上和蘋果園裡都有很多烏鴉。有一天，開始戰爭，原本數量那麼多的烏鴉，卻統統消失無蹤。烏鴉究竟到哪裡去了呢……？

《烏鴉阿空》（からすのカラッポ）

作：舟崎克彥／圖：黑井健／Hisakata Child

阿空的肚子總是空盪盪餓扁扁的。即使是看到好像很可口的食物，也是馬上把它藏起來，再繼續找是不是還有更好吃的東西。我原本以為那只是一本溫馨有趣的繪本，在裡面提到的烏鴉的貯食行為卻很值得注目。

哲學性的問題

Q

給烏鴉聽莫札特的曲子時，牠們會有什麼樣的反應呢？

A

牠們可能會來看看發生什麼事，不過，我認為牠們應該不會被感動。

烏鴉會來確認沒聽過的聲音。有時候會模仿。但是由於牠們並不會唱音樂性的曲調，所以我覺得牠們應該不會被美妙的音樂所感動。

關於這一點，在我老家中飼養的十姐妹雌鳥會認真的聽鮫島由美子[1]的德國歌曲，若是聽舒伯特的搖籃曲的話就會乖乖睡覺。

1譯注：鮫島由美子，一九五二年出生的著名日本聲樂家、女高音歌手，也曾經受邀參加日本過年的NHK紅白對抗賽。現居於奧地利維也納。

Q 烏鴉有沒有死亡的概念？

A

我認為應該沒有，不過當牠們看到同伴的屍體時會發生騷動。

雖然有所謂的「烏鴉的葬禮」，不過與其說是在悼念死亡，還不如說是為了異常狀態而興奮，或是以結果來說（也許還在附近）是把外敵趕跑般的行為。只不過在沒有食物的時候，有時候也會把死亡的同伴給吃掉……

我只遇過一次好像是配偶死亡的烏鴉的叫聲，讓我難以忘記。

Q

請問您對於

像綠繡眼般的可愛小鳥

與烏鴉之間的平衡

有什麼樣的想法？

A 都市和森林是不同的環境。

以資源量來說的話，都市對烏鴉可能是天堂，對綠繡眼來說則是馬馬虎虎。要是那裡有很多烏鴉的話，就還會再加上捕食壓力。我知道大家會對此感到很遺憾，不過就算說「在大自然中原本沒有那麼多烏鴉」也無濟於事。城市有城市的「生態系的平衡[1]」。何況製造出這種環境、把資源給予烏鴉的也是人類，就這點來說頗為諷刺。

當然也有像是「由於想要增加小鳥，所以礙事的烏鴉就應該減少才對」般的意見，有時也有可能有必要對這些小型鳥類做緊急保護。但是在你挺小鳥的時候，也希望你能夠同時愛烏鴉。嘴巴邊說要在都市中尋求自然，邊建構自己喜歡的小庭院，然後唱高調說那是「大自然的平衡」來糊弄大家是不行的。何況「因為小鳥很可愛所以愛牠們」，這根本就不是溫柔可親等等。

所以當我被問到這種問題的時候，我總是會回問：「你的意思是說由於小鳥很可愛，有多少隻都沒關係；烏鴉這種鳥，只有在牠們不礙眼的時候才准牠們活嗎？」

1審訂注：生態系的平衡指的是「動態平衡」，生態系是一個正負回饋機制互相影響，不斷運作及變化的整體，並不會存在一個穩定的平衡。

編輯部編

烏鴉的繪本圖書館之二

《烏鴉的麵包店》（からすのパンやさん）

作・圖：加古里子／偕成社（正體中文譯本　譯：陸蘭芝／巨河出版社）

烏鴉爸爸和烏鴉媽媽邊養育四隻健康活潑的孩子邊努力製作麵包。爸爸做的麵包看起來好好吃，讓人的肚子也不由得發出咕嚕聲。喜歡烏鴉喜歡麵包的人必讀。非常棒的麵包店一家的故事。

《烏鴉阿烏打退蛇》（からすのカーさん　へビたいじ）

作：歐達斯・哈克斯利／圖：芭芭拉・庫尼／譯：神宮輝夫／富山房

產下的卵、生下的蛋，全部都被蛇給吃掉了！老公，你想想辦法啊！把蛇趕走吧！……個性剛烈的太太跟怕老婆的阿烏開始思考把蛇趕走的方法。烏鴉卵的呈現很忠實，拉頁的卵的插圖也很寫實。

《烏鴉小黑與花子》（カラスのクロと花子）

作：椋鳩十／圖：藤澤友一／Hikumano 出版

花子幫只有一隻腳的烏鴉取名為小黑，很疼愛牠。可是有一天，就再也沒看到小黑了。烏鴉的行為與習性、讓烏鴉親近人需要很有耐心……等，值得參考的繪本。

《肥皂到哪裡去了……》（からすのせっけん）

作：村山桂子／圖：山脇百合子／福音館書店（正體中文譯本　譯：林家羽／大穎文化）

「那個不是食物喔。」被媽媽這樣教過的烏鴉。那是會發出很香的氣味，讓身體變乾淨的肥皂。很爽快的借給好奇心旺盛的森林裡的各位朋友。不曉得大家知不知道肥皂在使用過後就會愈變愈小，然後消失不見……

《烏鴉太郎》（からす　たろう）

作・圖：八島太郎／偕成社（正體中文譯本　譯：林真美／遠流）

烏鴉會發出各種不同的叫聲……被同伴排擠、霸凌的男孩擁有的才能。新來的班導師讓大家了解男孩的心情。在讀過這本書之後，會想要傾聽烏鴉的叫聲。

《擅長模仿的小黑》（ものまねくろちゃん）

作・圖：杉田豐／至光社

烏鴉小黑非常喜歡模仿，不想要像一般的烏鴉那樣叫。大家不是偶爾會聽到烏鴉的叫聲嗎？實際上，雖然烏鴉是沒辦法像小黑那樣模仿聲音模仿得很好，但是卻好像會學工地現場的聲音或是人的吵架聲。

（參照本文）

很迷的問題

Q
烏鴉，可以吃嗎？

A
可以吃。

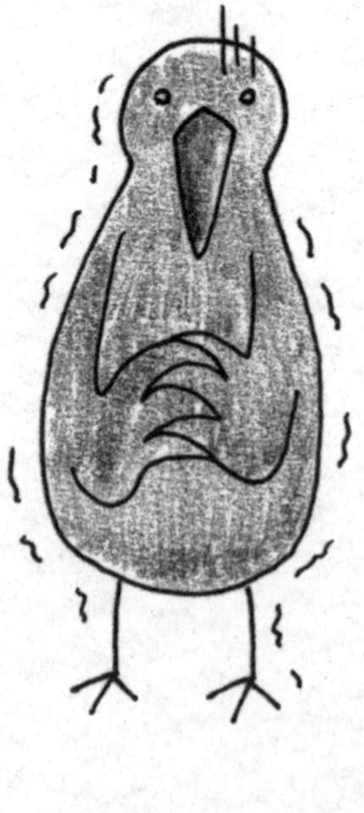

在長野縣有種名為「烏鴉田樂」的鄉土料理。把蔥、薑、味噌等混在一起剁碎攪拌之後，拍打、串在竹籤上去烤，做成很像絞肉丸那樣的食物。不但充滿佐料還加上味噌，讓我覺得周圍飄蕩著「不想吃」的感覺，是我想太多嗎？

法國的古老野味（gibier，烹煮狩獵捉到的野生動物）食譜中也有出現用烏鴉當食材的。有烤烏鴉，也有拿烏鴉來煮成醬料的高湯，據說其中又特別是以秋天田園地帶的烏鴉最為美味。我問過住在法國的朋友之後，聽說現在也有把吃烏鴉這種野味當興趣的人在，而且黑白花的烏鴉（不知道是不是西方寒鴉？）被認為特別好吃。我聽說中國南部和越南也會吃烏鴉，在韓國則是拿來當作藥用。

實際上，當我撿到自然死亡的新鮮小嘴烏鴉來解剖時，也曾經把肉切下來加鹽烤著吃。肉是跟雞肉完全不同的紅肉，吃起來是像牛肉跟肝混在一起般的風味。吃起來會有肝的感覺，可能是因為我沒有把血先放掉的關係吧。除此之外並沒有特別的腥味，也沒有特別難吃。可是在春初凍死的年輕雄性個體不但很硬，而且完全沒有脂肪，並不會是特地要吃的東西。

不過還是要特別提醒一下，雖然說是烏鴉，要捕捉還是要狩獵執照的，不可以擅自從附近捉來吃。此外，也有傳言說都市地區的巨嘴鴉是鳥類之中消化系統中有最多線蟲的。但是我想，應該沒有要生吃巨嘴鴉的「雞胗」（砂囊）的人吧。

Q

若是在烏鴉身上塗黃色油漆的話，那隻烏鴉會不會被同伴欺負？

A
應該沒問題，吧？
因為即使是
色素異常的個體
也能夠留下子孫。

關於巨嘴鴉的基礎研究論文之一，是〈褐化變異巨嘴鴉的領域生活（バフ変ハシブトガラスのなわばり生活）〉。所謂褐化變異（buff-mutant；schizo chroismic或schizo-chroismic）是指由於色素異常而變成淡褐色的個體。文中的烏鴉最初是在東京的皇居被看到，被認為是相同個體的烏鴉三年後在赤坂繁殖，而這是由曾經擔任山階鳥類研究所所長的黑田長久先生整理的觀察紀錄。在熊本縣也有白色的小嘴烏鴉繁殖的例子。雖然也許有可能被欺負，但還是有順利配對。另外，有關於牠們不討厭黃色的這件事請參照內文。

Q

假如在籠子（每邊四公尺的立方體）中放進雄性的成年烏鴉及雄性的成年野貓讓牠們打架的話，是哪一邊會贏？

A 認真打的話，應該是貓會贏吧？一般來說，在進入纏鬥狀態之前，貓就已經到別的地方去了。

即使是已經變成纏鬥，應該也是「從上空四公尺急速俯衝下來的烏鴉使出飛踢！啊～這招對貓沒有產生傷害！現在貓連番祭出必殺的貓拳！可是烏鴉已經逃走，打不到了！」的感覺吧。

可是烏鴉沒有一擊必殺的威力，但是另一方面，如果是烏鴉喙部的可及距離的話，貓的爪子跟利牙也會隨之而來。就算是烏鴉，被體重有自己數倍的貓咬到頸子的話，不可能全身而退。所以當烏鴉耍笨，來不及躲開的瞬間，貓咪就會覺得自己可能會打贏。

通常烏鴉是停棲在樹枝上叫：「到那邊去～」，貓則是「還真吵～」的路過而已。不過很偶爾也會出現想要偷偷接近烏鴉的白目野貓。

Q

烏鴉的糞，可以吃嗎？

A
雖然沒有毒，
但是不推薦。

欸～這是什麼特別的興趣嗎……？
鳥類的糞便是由沒消化的東西和尿酸混合在一起的，雖然應該是沒什麼毒，但也應該不是特地想吃的東西吧。
即使是從病原體及寄生蟲的方面來看，也完全不推薦。

Q

在沒有烏鴉的無人島（沖繩周邊）放雌雄兩隻烏鴉的話，生存機率是多少呢？

A

只要是多少有點森林樣的地方，大概都能夠活得下去吧。

我在舞鶴外海的小無人島上看到過成對的巨嘴鴉，而且牠們還在育幼。

只不過族群個體數少的話，就有可能會因為食物不夠或是疾病而全軍覆沒，所以不能夠保證牠們的子孫在五十年後、一百年後還會在那裡。

Q

為什麼在距離日本不遠的韓國首爾，或是中國香港都沒什麼烏鴉呢？

A
我也不清楚。我認為那可能跟都市的建立過程及歷史、文化等都有關聯吧。

從文獻資料可以看出東京是從江戶時代以來就有很多烏鴉。而另一方面，在日本以外的國家，街上卻沒有看到過巨嘴鴉的紀錄。非常的不可思議。

只不過在歐洲的公園裡，經常會有小嘴烏鴉西歐亞種和黑頭鴉，東南亞和印度也有些場所有許多的家烏鴉。

Q
烏鴉的死因排行榜
前五名是？

A

雖然沒有人做過調查，不過餓死和病死應該排在很前面吧。被捕食跟意外事故不知道是哪種比較多？除此之外，大概就是被人類捕殺的吧。

其實也有傳言說牠們沒辦法忍受空腹跟高溫。牠們會生病，有時也會被老鷹攻擊。雖說是烏鴉，也只是普通的野鳥。此外，在高速公路上經常被車撞死壓死的鳥是黑鳶跟烏鴉。大概是去吃動物的屍體，結果自己也被車子撞的結果吧。

Q

若是在東京想要觀察烏鴉的話，有什麼推薦的地點嗎？

A

代代木公園或是北之丸公園，

都是很有趣的地點喔。

小嘴烏鴉則是在多摩川及荒川沿岸。

Q

我想要在鳥籠裡面養烏鴉！

A 姑且，可以養。不過假如不是大型籠子的話，就會撞到尾巴或是頭。

※不過還是要叮嚀，這並不是說可以把牠們抓來飼養喔。

雖然在研究或是以救傷為目的而飼養牠們時，是把牠們放在每邊都是六十公分左右的籠子裡，不過那對牠們來說還是相當狹窄，會撞到羽毛。

有個我認識的人飼養了一隻因為事故而斷掉一邊翅膀的小嘴烏鴉，而且那隻烏鴉跟他很親，非常的可愛。只不過牠會從清晨五點開始索食，大聲鳴叫。

Q

烏鴉和人類，
哪一邊會存在得
比較久呢？

A

那當然是烏鴉啊。
在沒有人類的環境中
也還是有烏鴉。

Q

到哪裡去才能夠看到烏鴉的屍體呢？

A 在營巢地的下面或是巢的下方經常會有，不過若不是存心要找的話是找不到的喔。

雖然烏鴉平常也是會死的，不過由於營巢地和巢都是位於不太有人出沒的地方，所以很難找到。此外，即使掉下來也會被其他動物吃掉或是帶走。在都市地區會一大早就被當成垃圾處理掉，再不然就是被丟到不醒目的地方或是被埋掉。有關於這個主題的研究，在松田道生的《烏鴉為什麼喜歡東京（カラスはなぜ東京が好きなのか）》之中有詳細的內容。

根據某ＵＦＯ研究家的說法，烏鴉是（外星人）為了要探測地球被送過來的波動生命體，只要死亡就會消失；他是這樣說，可是我有看過好多次烏鴉的屍體，甚至還吃過牠們哩。

Q

還有其他團體像日本足球協會那樣，是用烏鴉當成代表圖像（symbol mark）嗎？

A

「Modern Amusement」公司長年使用烏鴉作為設計圖樣。京都三年坂的和小物〈日本雜貨〉店「烏鴉堂」的標誌也是烏鴉。

另外，我也經常穿著畫有烏鴉圖案的T恤，不過那都是我自己的作品。

Q

我只要一把相機的鏡頭對著烏鴉就會被牠逃走。有什麼訣竅嗎？

A

要是有的話，
我還希望你教我呢。

對鳥類來說，緊盯著自己不放的對象通常都是天敵。所以牠們很討厭別人的視線。用望遠鏡和相機對準牠們的動作是牠們更討厭的。總而言之，就是不要有突然的動作。

當我想要記錄烏鴉行為而把視線落在記錄本上的那一瞬間烏鴉就飛走，把頭抬起來的時候牠已經消失不見的狀況是經常發生。不過這並不限於烏鴉。鳥類是在預期以上的能夠讀取人類的視線。

Q 烏鴉和黑貓，哪一種比較不吉利？

A

不論是哪一種，
遇到的時候不是都會很開心吧（笑）。
「喵～」的對黑貓打招呼，
「喂～」的對烏鴉揮手的話，
那一天一定會有什麼
好事情發生喔。

結語　即使什麼也沒，也能過得下去

每當我被問到你在做什麼工作的時候，我總是會感到困擾。雖說我不是在做些什麼見不得人、不能跟別人說的工作，不過卻很難說明。我在大學的博物館工作，到這裡為止還算簡單，不過在名片上印的是「特任助教[1]松原始」。所謂特任大概是「客座」、「約聘」程度的意思，由於有點每晚都穿著一身黑衣現身的特命係長[2]的感覺，好像很帥氣，所以我並不討厭「特任助教」這個職稱。雖說如此，只要講到理學科系的大學教授給人的印象，好像不是穿著白色的實驗衣在做實驗，就是站在講台上講著充滿公式的課，但是由於這跟我平時的樣子完全不同，所以說自己是在博物館工作反而比較貼近大家心目中的形象（可是我又在其他大學擔任兼任講師……唉，這真是很麻煩）。我所屬的是ＩＭＴ研究部門，是研究與實踐實驗性的展示設計等的地方。不過你要是以為我每天都在畫展示設計的素描，或是思考前衛性影像與標本的合作的話就錯了，完全沒這回事。主要的工作是在整理標本、維修標本、寫解說文字（caption）、拿著電動鑽頭和起子及工具箱跑來跑去、擦展示櫃的玻璃、站在工作梯上調整照明等等的作業（初次見到本書的編輯植木小姐時，我正站在工作梯上調整燈光照明）。所以當我被說「原來如此，是直屬的現場主要承辦人」時我並不會否定，可是直到我來這裡為止，我跟博物館都沒有什麼關係，既沒有學藝員[3]，也完全沒有實務經驗。我的專門領域是以鳥類為中心的動物行為學，而且是以野外觀察為主，現在也仍然在持續進行研究。

若是想要做說明的話不但又臭又長，還會讓人不知所云（雖然在大學當老師，但是講在博物館工作好像比較容易懂；另外，我也有兼課教書，單位是掛在博物館的展示設計部門裡，但是我不是設計師，是現場承辦人，平常是校長兼撞鐘什麼都做，專長基本上是動物行為學，從事烏鴉的研究……這樣洋洋灑灑寫下來，連我自己也看不懂了）。有時候我也會乾脆就說我是「在博物館工作」。像這樣完全不知道是在做什麼的傢伙為什麼還能餬口，也許，是由於我是烏鴉。

雖然在大學的時候我是研究鳥類的，幸好我也很喜歡鳥類以外的全部動物，守備範圍屬於樣樣精通樣樣稀鬆，再託了從小就有機會拿小刀和鋸子之福且記得如何操作等，由於有這些背景在，所以在寫完全不知道是哪裡來的什麼標本的解說文字，或是調查來歷、展示製作的現場作業等都可以使得上力。「雖然不是專家，但是會做那個這個」般，實際上真的還跟烏鴉一樣很雜，什麼位階都參一腳，我在這種研究者的環境承載量往下降到無極限的時代中還能夠過得下去，真是太感激了。

博物館的現場，其實是龜毛到令人無法置信。而且是各種莫名其妙的工作都會出現。不過我反而做

1 譯注：此助教跟台灣的助教不同，是助理教授（Assistant Professor, Research Assistant Professor）的意思。
2 譯注：有特派任務的刑事課長。
3 譯注：curator，像是策展人與研究員的綜合體。

這些做得很高興。例如把很老舊的昆蟲標本的標籤新寫過、在寬二十毫米的格子裡用針筆寫學名等的工作，都讓我十分熱衷。然後猛的反省熱衷於做這種事情的自己「這好像專心拾穗的禿鼻鴉，或是總而言之先把喙部插進空隙裡面看看的巨嘴鴉；不過巨嘴鴉大概沒辦法做這種細膩的作業吧」等。

在我剛到職的時候，我對於博物館的業務一竅不通，若是打比方的話，就像是年輕的烏鴉飛到全然陌生的環境之中，然後努力求生存一樣。小心不要被說「你礙事，到別的地方去」、把被交代「這個做一下」的工作做好，以為做好了卻得訂正，聽到N老師的「這是什麼，根本不行嘛」也還是不懂到底是哪裡「根本不行」，每天過著這樣的日子，到了在博物館工作一年多的某一天，同事對我說：「松原先生很靈活嘛。」「起初在要你寫解說文字的時候也還要改相當多，現在已經沒問題了」好像是他的理由。可是那應該不叫靈活，而是現在才跟我打臉說我不行吧（泣）。雖然我是這樣想，不過我自己好像還是有在持續學習的樣子，簡直就像是學會怎麼翻石頭的小嘴烏鴉嘛！這樣想的時候，也有了一點點自傲。

經過這個樣子的期間，即使對博物館來說不是不可或缺的人，卻好像也成功的卡進「在的時候很方便」的位置，不會飛的烏鴉，由於這個「博物館的萬用雜工＝像烏鴉般的萬事通」形象被接受，每天，就以樣樣精通什麼都做的博物館研究者的身分繼續工作、獲得食物。

當然，再怎麼說也是由於有肯飼養我這種呆子，很有耐心的教我各種事情的環境才辦得到的。

我認為烏鴉的特徵，在於沒有特殊化。在畫圖的時候就會知道，烏鴉類的剪影，除了喙部稍微大一點之外，就是呈現非常標準的鳥形，沒有明確的特徵。所以應該也沒有什麼特別突出的專門領域；但是反過來說，則是大概什麼都會。雖然牠們既沒有鷸類的長長喙部，也沒有猛禽那樣的尖銳爪子，更沒有信天翁那麼長的翅膀，但是烏鴉還是都能吃到東西。以菜刀來說的話，就是「只要有這一把就大概夠了」般的萬能菜刀，並沒有特化成專門切生魚片或是切菜用。

大概什麼都會，也表示多才多藝。這是無論到什麼樣的場所、吃什麼填肚子，都能夠獲得成功的戰略。以生物的演化來說，雖然有「和死巷子互為表裡的特殊化」的感覺，但是特意不設得意科目，只要保持六十分主義，還是八面玲瓏比較好的這種演化應該也是可能的。以烏鴉來說，牠們應該算是所有科目都拿到八十分左右，在觀察力及記憶力只要能夠火力全開的活用那個「六十分主義」應該就很有用了。換句話說，烏鴉的這種生活方式，也是演化上的一種生活型態。這個就是所謂的烏鴉流派的處世之道。

在我有機會寫這本書之前，我受到許多人的照顧。首先以山岸哲老師、今福道夫老師、森哲老師為首，京都大學理學研究科動物學教室動物行動學研究室的各位。林良博老師、西野嘉章老師及東京大學總合研究博物館的各位。然後是在各種各樣的閒聊討論，有時讓我一起進行調查的各位烏鴉研究者，在此跟大家表達我的謝意。除此之外，准許我過這種烏鴉癡的生活方式的雙親，以及從我孩提時候就一起陪我在大自然中玩耍的三上先生、竹內先生。

最後，我打從心底要對從決定這本書的構想、通過企畫、不但在排版及插畫上竭盡心力，還連過於迷／偏門（maniac）的問題都幫我想了好幾個的雷鳥社的植木小姐、安武小姐致謝。還有植木小姐讓牠到處現身的烏鴉同學也是。

我希望看過這本書的各位讀者的眼睛，在下次看到烏鴉的時候，能夠變得溫柔一些。

主要的參考文獻

Comparative Analysis of Mind. 2003. S. Watanabe. Keio University, Tokyo.

Crow of the World Second Edition. 1986. D. Goodwin. British Museum, London.

Mind of the Raven. 2000. B. Heinrich. Harper Collins, New York.

The Crows. 1978. F. Coombs. Bstsford, London.

《我們應該如何處理東京的烏鴉　第一次研討會報告書》（とうきょうのカラスをどうするべきか　第1回シンポジウム報告書）1999／川内博、松田道生編　日本野鳥學會東京支部

《我們應該如何處理東京的烏鴉　第二次研討會報告書》（とうきょうのカラスをどうするべきか　第2回シンポジウム報告書）2000／川内博、松田道生編　日本野鳥學會東京支部

《所羅門王的指環》（ソロモンの指輪）1987／康拉德・勞倫茲　日高敏隆譯　早川書房（正體中文譯本　游復熙、季光容譯　天下文化）

《烏鴉的自然史》（カラスの自然史）2010／樋口廣芳、黑澤令子編　北海道大學出版會

《烏鴉，哪裡錯了!?》（カラス、どこが悪い!?）2000／樋口廣芳、森下英美子　小學館文庫

《烏鴉，為何攻擊》（カラス、なぜ襲う）2000／松田道生　河出書房新社

《烏鴉為什麼喜歡東京》（カラスはなぜ東京が好きなのか）2006／松田道生　平凡社

《烏鴉究竟有多聰明》（カラスはどれほど賢いか）1998／唐澤孝一　中公新書

《烏鴉的常識》（カラスの常識）2007／柴田佳秀　寺子屋新書

《烏腦力》（烏脳力）2010／渡邊茂　化學同人

《鳥類為什麼會聚在一起？》（鳥はなぜ集まるの？）1990／上田恵介　東京化學同人
《渡鴉之謎》（ワタリガラスの謎）1995／Bernd Heinrich　渡邊政隆譯　動物社
《鴛鴦不會偷吃嗎》（オシドリは浮気をしないのか）2002／山岸哲　中公新書
《關於鴉科鳥類的食性》（カラス科に属する鳥類の食性に就いて）1959／池田真次郎　林野廳

生物名詞對照表

中文名	學名	英文名	標準和名
九官鳥	*Gracula religiosa*	Common Hill Myna	キュウカンチョウ
八重山巨嘴鴉	*Corvus macrorhynchos osai*	Large-billed Crow	オサハシブトガラス
兀鷲	*Gyps fulvus*	Eurasian Griffon	シロエリハゲワシ
大武杜鵑	*Rhododendron tashiroi*		サクラツツジ
大翅鯨	*Megaptera novaeangliae*	Humpback Whale	ザトウカジラ
小嘲鶇	*Mimus polyglottos*	Northern Mockingbird	マネシツグミ
小嘴烏鴉	*Corvus corone*	Carrion Crow	ハシボソガラス
小嘴烏鴉（亞洲亞種）	*Corvus corone orientalis*	Carrion Crow	ハシボソガラス
小嘴烏鴉（西歐亞種）	*Corvus corone corone*	Carrion Crow	ハシボソガラス
日本榧樹	*Torreya nucifera*		カヤ
日本樹鶯	*Horornis diphone*	Japanese Bush-Warbler	ウグイス
台灣藍鵲	*Urocissa caerulea*	Taiwan Blue-Magpie	ヤマムスメ
巨嘴鴉	*Corvus macrorhynchos*	Large-billed Crow	ハシブトガラス
巨嘴鴉（日本亞種）	*Corvus macrorhynchos japonensis*	Large-billed Crow	ハシブトガラス
白尾海鵰	*Haliaeetus albicilla*	White-tailed Eagle	オジロワシ
白喉鵲鴉	*Calocitta formosa*	White-throated Magpie-Jay	カンムリサンジャク

白腹琉璃	*Cyanoptila cyanomelana*	Blue-and-white Flycatcher	オオルリ
白頰山雀	*Parus minor*	Japanese Tit	シジュウカラ
安地斯神鷲	*Vultur gryphus*	Andean Condor	コンドル
朴樹	*Celtis sinensis*		エノキ
灰沙燕	*Riparia riparia*	Bank Swallow	ショウドウツバメ
灰喜鵲	*Cyanopica cyanus*	Azure-winged Magpie	オナガ
灰椋鳥	*Sturnus cineraceus*	White-cheeked Starling	ムクドリ
西方寒鴉	*Corvus monedula*	Eurasian Jackdaw	ニシコクマルガラス
禿鼻鴉	*Corvus frugilegus*	Rook	ミヤマガラス
角海鸚	*Fratercula corniculata*	Horned Puffin	ツノメドリ
奄美松鴉	*Garrulus lidthi*	Lidth's Jay	ルリカケス
東方白鸛	*Ciconia boyciana*	Oriental Stork	コウノトリ
東方寒鴉	*Corvus dauuricus*	Daurian Jackdaw	コクマルガラス
松鴉	*Garrulus glandarius*	Eurasian Jay	カケス
爬牆虎	*Parthenocissus tricuspidata*		ツタ
虎頭海鵰	*Haliaeetus pelagicus*	Steller's Sea-Eagle	オオワシ
金腰燕	*Cecropis daurica*	Red-rumped Swallow	コシアカツバメ
非洲白頸渡鴉	*Corvus albicollis*	White-necked Raven	シロエリオオハシガラス
非洲白頸鴉	*Corvus albus*	Pied Crow	ムナジロガラス

非洲野犬	*Lycaon pictus*	African wild dog	リカオン
厚嘴渡鴉	*Corvus crassirostris*	Thick-billed Raven	オオハシガラス
星鴉	*Nucifraga caryocatactes*	Eurasian Nutcracker	ホシガラス
柳杉	*Cryptomeria japonica*		スギ
紅隼	*Falco tinnunculus*	Eurasian Kestrel	チョウゲンボウ
紅嘴藍鵲	*Urocissa erythrorhyncha*	Red-billed Blue-Magpie	サンジャク
紅嘴鷗	*Chroicocephalus ridibundus*	Black-headed Gull	ユリカモメ
紅頭伯勞	*Lanius bucephalus*	Bull-headed Shrike	モズ
紅頭美洲鷲	*Cathartes aura*	Turkey Vulture	ヒメコンドル
美國螯蝦	*Procambarus clarkii*		アメリカザリガニ
食茱萸	*Zanthoxylum ailanthoides*		カラスザンショウ
家烏鴉	*Corvus splendens*	House Crow	イエガラス
家燕	*Hirundo rustica*	Barn Swallow	ツバメ
烏桕	*Triadica sebifera*		ナンキンハゼ
啄木樹雀	*Camarhynchus pallidus*	Woodpecker Finch	キツツキフィンチ
細葉榕	*Ficus microcarpa*		ガジュマル
細嘴烏鴉	*Corvus enca*	Slender-billed Crow	スンダガラス
野漆	*Toxicodendron succedaneum*		ハゼノキ
野鴿	*Columba livia*	Rock Pigeon	ドバト

雀鷹（屬）	*Accipiter* spp.		ハイタカ
麻雀	*Passer montanus*	Eurasian Tree Sparrow	スズメ
喜鵲	*Pica pica*	Eurasian Magpie	カササギ
森林響尾蛇	*Crotalus horridus*	Timber rattlesnake	シンリンガラガラヘビ
渡鴉	*Corvus corax*	Common Raven	ワタリガラス
短嘴鴉	*Corvus brachyrhynchos*	American Crow	アメリカガラス
絨冠藍鴉	*Cyanocorax chrysops*	Plush-crested Jay	ルリサンジャク
華麗琴鳥	*Menura novaehollandiae*	Superb Lyrebird	コトドリ
華麗榕	*Ficus superba*		アコウ
黃眉黃鶲	*Ficedula narcissina*	Narcissus Flycatcher	キビタキ
黑美洲鷲	*Coragyps atratus*	Black Vulture	クロコンドル
黑鳶	*Milvus migrans*	Black Kite	トビ
黑緣舟蛾	*Phalera flavescens*		モンクロシャチホコ
黑頭鴉	*Corvus corone cornix*[1]	Hooded Crow	ズキンガラス
新喀里多尼亞烏鴉	*Corvus moneduloides*	New Caledonian Crow	ニューカレドニアガラス
遊隼	*Falco peregrinus*	Peregrine Falcon	ハヤブサ
綠繡眼	*Zosterops japonicus*	Japanese White-eye	メジロ

1審訂注：見本書第46頁審訂注10。

蒼鷹	*Accipiter gentilis*	Northern Goshawk	オオタカ
蒼鷺	*Ardea cinerea*	Gray Heron	アオサギ
銀杏	*Gingko biloba*		イチョウ
樟樹	*Cinnamomum camphora*		クスノキ
褐鷹鴞	*Ninox japonica*	Northern Boobook	アオバズク
橡實啄木鳥	*Melanerpes formicivorus*	Acorn Woodpecker	ドングリキツツキ
澳洲渡鴉	*Corvus coronoides*	Australian Raven	ミナミワタリカラス
錐栗（屬）	*Castanopsis* spp.		シイ
糙葉樹	*Aphananthe aspera*		ムクノキ
鴴科		Charadriidae	チドリ
藍頭松鴉	*Gymnorhinus cyanocephalus*	Pinyon Jay	マツカケス
鬍兀鷲	*Gypaetus barbatus*	Lammergeier	ヒゲワシ
鷸鴕	*Apteryx* spp.	Kiwi	キーウィ
鸌形目		Procellariiformes	ミズナキドリ

素描：松原 始
插圖（烏鴉同學）：植木七瀨

【名字】烏鴉同學
【年齡】五歲
【個性】雖然有旺盛的好奇心，卻有點膽小
【喜歡的食物】美乃滋、薯條
【不喜歡的食物】七味唐辛子、泡菜
【喜歡的顏色】黑色
【擅長的事情】觀察人類
【住處】有適當茂密程度的葉子的行道樹
【喜歡的諺語】剛剛哭過的烏鴉現在已經在笑了
【拿手菜】美乃滋拌薯條
【想要住住看的地方】屋久島
【旅行後最中意的地方】代代木公園
【最近愛做的事】採收水果
【做什麼事情的時候最能靜下心來？】閱讀
【崇拜的鳥】Silver Spot（銀星）（出自《西頓動物故事》）

附錄　讀者的烏鴉度診斷

只要對應得上
就能成為烏鴉！

①衣櫃裡的衣物整體偏黑色系。
②什麼都吃。偏食？減肥？那是什麼，好吃嗎？
③被人家說是「情報通」「知識淵博」。
④基本上，什麼都會做。或是說會做很多無聊的事。
⑤好像有點被周圍誤解為「其實是有點危險的傢伙」的感覺。
⑥聽到喜歡的歌時會下意識的跟著唱。而且是完整的唱完。
⑦沒有特別討厭跟別人成群在一起。不過沒有感覺到有義務。
⑧在找到介意的東西時，一定會停下來檢查。
⑨不過是很小心謹慎的型。ＢＢＳ會潛水看個半年。
⑩認為找到的東西都是可以試著吃吃看的。

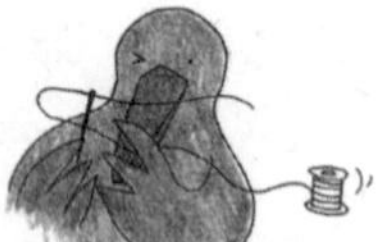

| --- | --- | --- | --- | --- |
| 9個以上一樣 | 6～8個一樣 | 4～5個一樣 | 2～3個一樣 | 有1個一樣 |

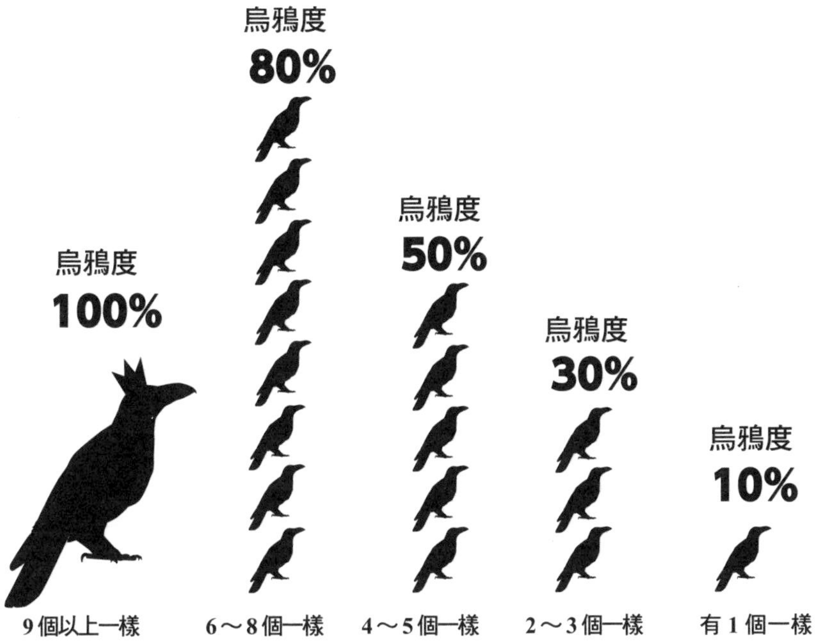

嗯，不太能說是烏鴉。不過每個人的型都不一樣，也不用太在意。什麼？烏鴉有個10％就很多了？喔，是這樣嗎。

欸，大概就是普通的程度吧。不過由於任何事都追求普通是烏鴉的祕訣，所以搞不好「烏鴉度普通，才是最像烏鴉的」，是最接近烏鴉的人呢。

哎呀，烏鴉度相當高呢。我覺得我們可能可以當朋友呢。搞不好還會因為認為是同種，而彼此爭奪領域哩。

有沒有被周圍的人說過「很像烏鴉」呢？在這種時候就乾脆接受，穿著全黑的衣服去工作吧。在背地裡被說「像」的時候可能會覺得討厭，不過當面被說「烏鴉」的話就會變輕鬆了。要是沒有人這樣說的話，就自己跟周圍說吧。

已經太遲了……我也已經沒有什麼話可以說了。請，就這樣展翅朝廣闊的天空飛翔吧。我們可能會在大清早的上野或是新宿附近見面，那個時候就請多多關照吧。

松原　始（Matsubara Hajime）

一九六九年出生於奈良縣。京都大學理學部畢業，同大學院理學研究科博士課程修了。

京都大學理學博士。專長是動物行為學。

自二〇〇七年起在東京大學總合研究博物館工作。研究主題是烏鴉的行為與演化。

為烏鴉燃燒、為烏鴉著迷的一代烏鴉癡。

只要跟烏鴉有關聯的話，就沒有分工作或休假。

若是被問到興趣是什麼，而且只能講一個的話，那我就大聲說，是烏鴉！

都市裡的動物行為學
烏鴉的教科書

作　　者　松原始
素描繪者　松原始
插圖繪者　植木ななせ
譯　　者　張東君
審　　訂　林大利
特約編輯　吳欣庭（初版）
責任編輯　周宏瑋、王正緯（二版）
校　　對　魏秋綢
版面構成　劉曜徵
封面設計　張曉君
行銷統籌　張瑞芳
行銷專員　段人涵
出版協力　劉衿妤
總 編 輯　謝宜英
出 版 者　貓頭鷹出版

國家圖書館出版品預行編目 (CIP) 資料

都市裡的動物行為學：烏鴉的教科書 / 松原始著；張東君譯 . -- 二版 . -- 臺北市：貓頭鷹出版：英屬蓋曼群島商家庭傳媒股份有限公司城邦分公司發行 , 2022.12
336 面；14.8×21 公分
ISBN 978-986-262-594-1(平裝)
1.CST: 烏鴉科 2.CST: 動物行為 3.CST: 日本
388.831　　111017058

發 行 人　凃玉雲
發　　行　英屬蓋曼群島商家庭傳媒股份有限公司城邦分公司
104 台北市民生東路二段 141 號 11 樓
劃撥帳號：19863813；戶名：書虫股份有限公司
城邦讀書花園：www.cite.com.tw 購書服務信箱：service@readingclub.com.tw
購書服務專線：02-25007718 ～ 9（週一至週五上午 09:30-12:00；下午 13:30-17:00）
24 小時傳真專線：02-25001990 ～ 1
香港發行所　城邦（香港）出版集團／電話：852-2877-8606 ／傳真：852-2578-9337
馬新發行所　城邦（馬新）出版集團／電話：603-9056-3833 ／傳真：603-9057-6622
印 製 廠　成陽印刷股份有限公司
初　　版　2015 年 10 月／二版 2022 年 12 月

定　　價　新台幣 450 元／港幣 150 元（紙本書）
I S B N　978-986-262-594-1（紙本平裝）

讀者意見信箱　owl@cph.com.tw
投稿信箱　owl.book@gmail.com
貓頭鷹臉書　facebook.com/owlpublishing/
【大量採購，請洽專線】(02)2500-1919
本書採用品質穩定的紙張與無毒環保油墨印刷，以利讀者閱讀與典藏。

KARASU NO KYOUKASHO **by Hajime Matsubara**